本书受中南财经政法大学出版基金资助

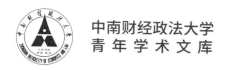

中南财经政法大学
青 年 学 术 文 库

张 引 ○ 著

Large Scale Semi-structured Data
Management

半结构化数据管理
关键算法研究与实证

中国社会科学出版社

图书在版编目（CIP）数据

半结构化数据管理关键算法研究与实证／张引著．—北京：中国社会科学出版社，2018.8

（中南财经政法大学青年学术文库）

ISBN 978 – 7 – 5203 – 2505 – 9

Ⅰ.①半…　Ⅱ.①张…　Ⅲ.①数据结构②算法分析　Ⅳ.①TP311.12

中国版本图书馆 CIP 数据核字（2018）第 103401 号

出 版 人	赵剑英	
责任编辑	徐沐熙	
特约编辑	汤浩然	
责任校对	李　馨	
责任印制	戴　宽	

出　　版	中国社会科学出版社	
社　　址	北京鼓楼西大街甲 158 号	
邮　　编	100720	
网　　址	http://www.csspw.cn	
发 行 部	010 – 84083685	
门 市 部	010 – 84029450	
经　　销	新华书店及其他书店	

印刷装订	北京君升印刷有限公司
版　　次	2018 年 8 月第 1 版
印　　次	2018 年 8 月第 1 次印刷

开　　本	710×1000　1/16
印　　张	14
插　　页	2
字　　数	176 千字
定　　价	40.00 元

凡购买中国社会科学出版社图书，如有质量问题请与本社营销中心联系调换
电话:010 – 84083683

前　言

随着互联网技术的飞速发展，传统的结构化数据模型已经无法满足人们对信息处理的要求。尤其是在云计算和物联网高速发展的今天，对管理半结构化数据、大规模信息处理等领域的研究越来越多地被关注。由于半结构化数据模型既能描述半结构化数据又能描述结构化数据，而且具有灵活易扩展的存储结构，其已被许多系统和应用作为公共数据模型，被广泛地用于异构数据量大的应用中。如今，几乎所有行业都制定了描述和共享本领域数据的半结构化数据模型应用标准。此外，由于半结构化数据模型具有易于描述结构、易于校验、易于展现等特点，许多原本是以非结构化方式进行存储的数据，也可以通过半结构化数据模型进行描述并存储。

因此，如何对大规模半结构化数据进行有效的管理，在学术界是一个重要的理论研究课题，同时在工业界又是一项具有广阔应用前景的技术。本书以 XML 为代表，探讨了大规模半结构化数据管理中的关键问题——模式提取、节点编码、索引与查询处理等研究课题。本书主要内容如下：

（1）针对现有基于正则表达式的模式提取方法的不足之处，本书根据 XML Schema 规范中元素内容模型的特点，提出了 XTree 算法，该算法可以快速、准确地并发提取多个大规模（GB 级）XML

文档的结构。该算法与其他基于正则表达式的算法最显著的区别在于，XTree 对于元素内容模型的提取加入了对元素内容模型是否有序的区分，降低了算法的时间复杂度和空间复杂度。

（2）针对现有半结构化数据节点编码方案的不足之处，本研究提出了 D2 编码方案，该算法在静态编码和动态编码中都表现出良好的性能，而且易于二进制串行化和反串行化，具有较高的实用价值。和其他半结构化数据节点编码方案相比，D2 编码最显著的特点在于，突破了传统的以整数作为层标识的限制，采用二进制真分数作为层标识，由于真分数的取值区间是无穷的，所以可以保证在任意位置插入节点都存在有效的编码。

（3）本书综合考虑了目前已有的关系型数据库和大规模半结构化数据的索引技术的优缺点，提出一套完善的索引方案——D2 – Index 索引策略，能够支持高效的查询处理。它并不只是使用了一种单一的索引技术，而是参考和借鉴了多种技术，如节点编码索引、结构索引和倒排索引等。D2 – Index 索引策略的最显著之处在于，它的索引文件包括了主索引、路径辅助索引和值辅助索引，这三种索引都采用分块存储的方式提高索引的查找和修改效率。此外，由于是基于 D2 编码方案的，所以 D2 – Index 索引策略可以有效地支持节点的动态更新。

（4）根据目前对于大规模半结构化数据查询处理的研究，本书提出一种以 D2 – Index 索引策略为基础，基于 XPath 表达式的 CAS 查询处理。这种查询处理最大的特点在于，将输入的合法 CAS 语句拆分为多个 BXCAS 语句，再对拆分的语句按顺序进行处理，根据 D2 – Index 策略中的路径和值辅助索引，获取符合查询条件的节点的 D2 物理编码，再从主索引中获取其在源数据中的位置信息，最终以异步的方式输出结果。

目　　录

第一章

半结构化数据的应用背景

随着互联网的普及和广泛应用，互联网逐渐成为人们信息交换和资源共享的重要途径。与此同时，随着互联网上信息的规模与日俱增，而且种类日益繁多，尤其是云计算技术的突起，大规模异构数据的存储、转换逐渐成为关注的热点。近 10 年，以XML（eXtensible Markup Language，可扩展标记语言）① 为代表的半结构化数据，在处理数据的存储及转化方面表现出了巨大的优势，半结构化数据已经逐渐成为互联网上表现、传输和转化数据的常用解决方案。但是，半结构化数据具有独特的树形（图）结构特征，这和传统的结构化数据（关系数据模型）有着巨大的差别。因此，如何管理和处理大规模的半结构化数据，是当前研究的热点问题。

本章第一节将主要介绍本书的研究背景；第二节将介绍本书的主要研究内容以及阐明本书的研究意义——研究大规模半结构化数据管理的必要性；第三节将介绍本书的组织结构。

---

① World Wide Web Consortium. Extensible Markup Language（XML）［EB/OL］. Available at：http：//www.w3.org/XML/.

第一节　研究背景

　　半结构化数据，是相对于非结构化数据而言，具有一定的结构性，但是又不如结构化数据，具有严格的理论模型。比较典型的半结构化数据有 OEM（Object exchange Model，对象交换模型）[1]、OIM（Model for Object Integration，对象集成模型）[2]、XML 等。半结构化数据的特点是数据结构的不规则或者不完整[3]，主要表现为数据的模式不固定、结构不明显、模式的信息量大、模式变化快、模式和数据统一存储等。半结构化数据的来源一般分为两种：一种是直接来自半结构化数据源，如 Web 数据、电子文档、电子邮件等，这些都是典型的半结构化数据；另一种是以公共数据模型，在异构数据环境中被引入，用来处理信息的传输、转换和存储[4]。通常人们习惯把半结构化数据称作非结构化数据。但是，并不是所有的非结构化数据都可以用半结构化数据模型进行存储，例如图片、音频、视频等信息就不能。表 1—1 分析了结构化、半结构化和非结构化数据的区别。

---

[1]　C. M. Eastman, Y. - S. Jeong, R. Sacks, I. Kaner, "Exchange Model and Exchange Object Concepts for Implementation of National BIM Standards", Journal of Computing in Civil Engineering, 2010, Vol. 24, No. 1, pp. 25 - 34.

[2]　张伟业、贺飞、顾明：《基于 OIM 数据对象模型的数据交换系统研究》，《计算机应用研究》2005 年第 11 期。

[3]　Serge Abiteboul, "Querying Semi - structured Data", In: Foto Afrati, Phokion Kolaities ed. Lecture Notes in Computer Science 1186, Database Theory - ICDT'97. New York: Springer - Verlag, 1997, pp. 1 - 18.

[4]　陈滢、王能斌：《半结构化数据查询的处理和优化》，《软件学报》1999 年第 8 期。

表 1—1　　　　　　结构化、半结构化和非结构化数据的区别

类型	数据模型	数据与结构的关系	典型的存储与管理方式	典型代表
结构化	二维表	先有结构再有数据	关系型数据库	关系型数据
半结构化	树、图	先有数据再有结构	XML 文档 原生 XML 数据库	OEM OIM XML
非结构化	无	只有数据	内容管理系统	图片 声音 视频

随着互联网技术的飞速发展，传统的结构化数据已经无法满足人们对信息处理的要求。尤其是在云计算和物联网高速发展的今天，对管理半结构化和非结构化数据、大规模信息处理等领域的研究越来越被关注，尤其是对管理半结构化数据的研究。由于半结构化数据模型既能描述半结构化数据又能描述结构化数据，且具有灵活易扩展的存储结构，其已被许多系统和应用作为公共数据模型，被广泛地用于异构数据量大的使用场景中。如今，许多行业都制定了表示和共享本领域数据的半结构化数据模型应用标准。此外，由于半结构化数据模型具有易于描述结构、易于校验、易于展现等特点，许多以非结构化为传统存储方式的数据，也采用半结构化数据模型进行存储。以下就是几种具有代表性的基于半结构化数据模型的应用标准：

（1）XHTML（eXtensible HyperText Markup Language，可扩展超文本置标语言），正在逐渐取代 HTML（HyperText Markup Language，超文本置标语言），成为 Web 页面的标准编写语言。[①]

---

① World Wide Web Consortium. XHTML2 Working Group Home Page［EB/OL］. Available at：http：//www. w3. org/MarkUp/.

（2）RSS（Really Simple Syndication，简易信息聚合），是一种文件格式，用来描述和同步网站内容，被网站用于发布内容并使其更易于被读者获取。①

（3）SOAP（Simple Object Access Protocol，简单对象访问协议），是一种基于 XML 的消息框架，被用于在 Web 上交换信息。其最大的优点是可扩展，并且可以独立于平台、操作系统、目标模型和编程语言独立实现。②

（4）WSDL（Web Service Description Language，Web 服务描述语言），是一种使用 XML 描述 Web 服务接口的，其定义了 Web 服务可以传输的消息的类型。③

（5）KML（Keyhole Markup Language，Keyhole 标记语言），是 Google（谷歌）旗下的 Keyhole 公司开发的，用来描述和表达地理标记的语言。KML 应用于 Google Earth（谷歌地球）和 Google Map（谷歌地球）等软件中，用于显示地理数据，很多其他的 GIS（Geographic Information System，地理信息系统）相关企业也追随 Google 开始采用此标准进行地理数据的交换。④

（6）ODF（Open Document Format，开放文档格式）和 OOXML（Office Open XML，由微软为其产品 Office 2007 开发的技术规范），这两种格式都是采用基于 XML 的文件格式，用来存储和转换纯文本、电子数据表格和图表等传统的非结构化数据。⑤

（7）其他专业领域也有许多采用非结构化数据模型进行标准化的例子，如 DocBook XML，用于编撰书籍和文档，尤其是技术

---

① Kevin Howard Goldberg. *XML*, *Second Edition*［M］. Peachpit Press, 2009.

② Airi Salminen, Frank Tompa. *Communicating with XML*. New York：Springer, 2011.

③ Kevin Howard Goldberg. *XML*, *Second Edition*. Peachpit Press, 2009.

④ Josie Wernecke. *The KML Handbook*：*Geographic Visualization for the Web*. Boston：Addison － Wesley Professional, 2008.

⑤ Kevin Howard Goldberg. *XML*, *Second Edition*. Peachpit Press, 2009.

性文档[①]；SVG（Scalable Vector Graphics，可缩放矢量图形），是图形图像标记语言，用于描述二维矢量图形[②]；CDA（Clinical Document Architecture，临床文档架构），旨在规定用于交换的临床文档的编码、结构和语义[③]；CML（Chemical Markup Language，化学标记语言），用于描述化学分子、化学反应、光谱等化学数据的标记语言[④]；MathML（Mathematical Markup Language，数学置标语言），用于在互联网上书写数学符号和公式的置标语言[⑤]；MusicXML（Music Extensible Markup Language 音乐扩展标记语言）是一个开放的基于 XML 的音乐符号的文件格式，用来作为乐谱信息存储和交换格式[⑥]。

　　在上述背景下，随着半结构化数据的普及和广泛应用，半结构化数据模型不仅用来存储半结构化数据，越来越多的领域也开始使用半结构化数据模型作为标准用于存储和描述传统的结构化和非结构化数据。由于半结构化数据不同于传统的结构化关系型数据，因此，如何高效而合理地存储、分析、索引和查询大规模半结构化数据的问题就随之产生。目前，比较主流的管理半结构化数据的方式有两种，基于传统关系数据库和原生 XML 数据库。但是，前者由于只是对关系数据库的扩展，如果要利用其管理半结构化数据，就

---

①　OASIS. The DocBook Schema Working Draft［EB/OL］. Available at：http：//www. oasis - open. org/docbook/specs/.

②　World Wide Web Consortium. Scalable Vector Graphics（SVG）［EB/OL］. Available at：http：//www. w3. org/Graphics/SVG/.

③　Health Level 7. Clinical Document Architecture［EB/OL］. Available at：http：//hl7book. net/index. php? title = CDA/.

④　Murray - Rust P. , Rzepa H. S. Chemical Markup Language［EB/OL］. Available at：http：//cml. sourceforge. net/.

⑤　World Wide Web Consortium. W3C Math Home［EB/OL］. Available at：http：//www. w3. org/Math/.

⑥　Recordare LLC. MusicXML™［EB/OL］. Available at：http：//www. musicxml. org/xml. html/.

必须将数据导入关系数据库，以关系数据库的方式进行存储和管理，因此在功能、效率和性能上均不够理想；后者管理的对象大多仅限于以数据为中心的半结构化数据，无法应对管理以内容为中心的半结构化数据的功能需求。针对上述问题，本书以大规模半结构化数据（包括以数据为中心和以文档为中心两种类型）的模式提取、节点编码、索引与查询处理关键算法为研究内容，提出一套可并发提取模式、节点编码、索引和查询处理多个同结构大规模半结构化数据的理论基础和解决方案。

第二节　研究内容及意义

一　研究内容

一般而言，数据管理的核心问题研究是构建一个完善的、可以快速有效地根据条件获取目标数据集的系统。根据大规模半结构化数据的特点，本书认为半结构化数据的模式提取、节点编码、建立索引与查询处理，是管理大规模半结构化数据的基础和关键性问题。提取半结构化数据的模式，可以解析半结构化数据的结构特点，是查询处理中构建路径查询表达式的基础。对半结构化数据进行节点编码，不仅是为半结构化数据建立索引的核心问题，而且在管理以数据为中心的半结构化数据时，还是压缩存储大规模半结构化数据的关键所在。在传统的关系型数据库中，建立索引可以提高数据的访问效率，同时对于大规模半结构化数据的管理，也可以通过建立索引，优化查询实现。无论是何种类型的数据管理，查询处理始终是研究的重点。

因此，本书以大规模半结构化数据模式提取、节点编码、索引和查询处理为基础，研究大规模半结构化数据的模式提取，大规模半结构化数据的节点编码方案，大规模半结构化数据的索引策略，以及基于该索引策略的大规模半结构化数据的查询索引方法。目前，应用最为广泛的半结构化数据当属 XML，因此本书以 XML 作为半结构化数据的典型实例进行具体的研究。本书具体的研究内容和目标如下。

（1）大规模半结构化数据的模式提取算法。模式，是半结构化数据的重要属性，通过模式可以对半结构化数据进行验证，是半结构化数据进行格式转化以及异构数据间进行数据传输和交换的基础。但是，现有的提取模式的算法，都是基于正则表达式的，其在多文档处理效率、复杂结构处理效率、时间和内存消耗以及正确性上存在不足。本书旨在研究并实现一种算法，突破传统的基于正则表达式的模式提取算法，可并发处理多文档，快速有效、准确地提取大规模半结构化数据的模式。

（2）大规模半结构化数据的节点编码方案。节点编码，是对半结构化数据建立索引的基础。本书旨在在现有节点编码方案的研究成果上，提出并实现一种新的编码模型，使其能够有效地支持节点的动态更新，易于二进制串行化和反串行化，具有良好的编码效率和实用性。

（3）大规模半结构化数据的索引。由于半结构化数据的结构模型，不同于传统的关系型数据，无法适应关系型数据库的管理模式。因此，对大规模半结构化数据建立索引，并以此制定高效的查询处理模型，是目前对于半结构化数据管理技术研究的热点问题。本书针对大规模半结构化数据的特点，旨在提出并实现一套完整的索引策略，不仅要能支持索引随着数据的修改而动态更新，还要能有效地优化查询处理效率。

（4）在（1）（2）（3）的基础上，进一步实现一种大规模半结构化数据的查询处理方案。可以快速有效地根据查询条件，返回符合条件的节点信息。根据（1）提出的模式提取算法，可以构建路径查询表达式，描述需要获取的数据的限定条件。根据（2）提出的节点编码方案和（3）提出的索引策略，可以对大规模半结构化数据建立主索引和辅助索引，提高半结构化数据节点的访问效率，优化查询处理。

二　研究意义

当前，半结构化数据的应用范围越来越广，尤其在云计算和物联网环境下，半结构化数据在管理数据和管理文档方面都具有传统结构化数据不可比拟的优势。虽然在短时间内，半结构化数据可能依然无法取代结构化数据的主导地位，但不可否认的是，半结构化数据的应用前景十分广阔，是一个新兴的生长领域。国外知名的关系型数据库厂商也意识到半结构化数据的兴起对自身产品的冲击，所以它们一方面在已有关系型数据库的基础上扩展对半结构化数据的管理；另一方面研究专门适用于半结构化数据的管理方案。但由于传统数据管理领域已基本被国外知名厂商垄断，我国可能已经无法在此领域做出创新和突破。因此，关注对半结构化数据的管理进行研究，跟进半结构化数据管理技术的研究前沿，开发具有自主知识产权的半结构化数据管理方案，对我国相关产业的发展具有重要的战略意义。

半结构化数据管理技术的发展时间相对于结构化数据来说还很短，无论是理论还是技术基础都不够牢固，仍有许多问题亟待解决，此时正是在此领域进行相关研究的大好时机。此外，在"十二五"规划中，云计算和物联网都被列为重点发展的新兴产业，与之紧密关联的半结构化数据管理技术也自然成为急需突破的研究领域。笔者在对国家自然科学基金项目检索之后发现，近几年有关半结构化数据及相关领域的国家自然科学基金项目呈明显的上升趋势[①]（如图

---

① 数据来源：国家自然科学基金委员会，科学基金网络信息系统。http://isisn.nsfc.gov. cn/egrantweb/.

1—1 所示）。

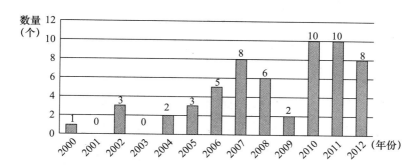

图1—1 2000—2012年有关半结构化数据及相关
研究的国家自然科学基金项目数量

　　本书根据国内外学者的相关研究，对已有的研究成果进行深入分析，指出了不足之处，并设计和实现了一套完整的管理大规模半结构化数据的解决方案。虽然，此方案仍有许多需要完善之处，但是其仍具有重大的研究和应用价值：首先，此方案的管理对象，不仅局限于以数据为中心的半结构化数据，也包含了以文档为中心的半结构化数据，对云计算和物联网技术中异构数据和非结构化数据的管理而言，具有一定的参考价值。其次，此方案可以进一步成为产品化为半结构化数据管理工具的开发基础，为半结构化数据管理方案的发展提供理论基础和技术支持，带动我国相关产业的发展，这将具有重大的经济和社会价值。

第三节 本书结构

　　本书内容结构如下。

　　第一章主要介绍本书的研究背景，通过对大规模半结构化数据管理相关问题的综述，分析现有研究存在的问题，列举了本书主要的研究内容和目标，阐述了本书研究的意义。

第二章主要介绍本书研究的基础知识。介绍半结构化数据的结构特征、结构模型、模式语言、查询语言及相关的应用程序结构。

第三章主要介绍与半结构化数据管理模型相关的研究成果，通过对大规模半结构化数据模式提取、节点编码、索引策略和查询处理相关研究的综述，指出本书研究应该借鉴和需要改进的地方。

第四章设计并实现了一种新的大规模半结构化数据的结构提取算法。这种算法是基于已有的研究成果——元素内容模型，针对传统的基于正则表达式的结构提取算法的不足，引入对元素内容模型是否有序的判断，不仅提高了算法的运行效率，还提高了所提取的模式的简洁性、准确性和可读性。

第五章设计并实现了一种新的大规模半结构化数据的节点编码方案。针对现有半结构化数据节点编码方案的不足之处，本书提出了一种基于前缀的节点编码方案，该算法在静态编码和动态编码中都有较强的表现力，且易于串行化和反串行化，具有较高的实用价值。该算法最显著的特点在于，突破了传统的以整数作为层标识的限制，采用二进制真分数作为层标识，由于真分数的取值区间是无穷的，所以无须为插入节点预留编码范围，而保证在任意位置插入节点都存在有效的编码。

第六章设计并实现了一套完整的大规模半结构化数据的索引策略和查询处理模型。在综合考虑目前已有的关系型数据库和大规模半结构化数据的索引技术的优缺点，本书提出一套完整的索引方案，能够支持高效的查询处理。它并不只使用了一种单一的索引技术，而是参考和借鉴了多种技术，如节点编码索引、结构索引和倒排索引等。整个索引策略，包括主索引、路径辅助索引和值辅助索引，这三种索引都采用分块存储的方式来提高索引查找和修改的效率。此外，还可以有效地支持节点的动态更新。此外，根据目前对于大规模半结构化数据查询处理的研究，本书提出一种以索引策略为基础的查询处理方案。这种查询处理，可以根据输入的路径表达式，快速准确地返回节点信息。

第七章，在大数据的时代背景下，将半结构化数据与大数据相关理论、技术、方法及应用相结合，简单介绍大数据的基础概念及典型应用，并对大数据的研究现状及发展趋势进行总结。

第八章对全书进行总结，归纳本书的主要研究内容及研究成果，并对未来的研究方向和研究问题进行展望。

第二章

半结构化数据的基础知识

本章主要介绍本书的研究基础：有关半结构化数据的相关知识，大规模半结构化数据管理的核心问题，以及大规模半结构化数据模式提取、节点编码、索引与查询索引的相关研究，指出了已有研究成果所存在的不足，为下文的内容阐述奠定基础。

第一节将主要介绍半结构化数据的基础概念——结构特征、理论模型、模式语言、查询语言以及应用程序接口；第二节将介绍本书所提出的管理大规模半结构化数据的理论模型；第三节至第六节分别对大规模半结构化数据模式提取、节点编码、索引策略和查询处理的相关研究进行综述。

第一节 半结构化数据的结构特征

半结构化数据是指数据模型介于结构化数据和非结构化数据之间的数据，它和结构化数据相比，没有严格定义的理论模型，结构灵活多变，易于扩展；和非结构化数据相比，其在数据模型上又呈现出一定的规律。目前，由于许多通常以非结构化数据模型存储的数据，都以半结构化数据模型进行描述和存储，所以对半结构化和非结构化数据的概念通常并不进行严格区分，也没有关于半结构化数据概念的标准定义。笔者认为，凡是具有一定的结构模型，且结构模型可变化和扩展的数据，都可称为半结构化数据。本节将介绍半结构化数据的特点和相关知识。

半结构化数据的结构模型通常是树状或图状的结构，其主要具有以下 5 个特征。

（1）层次性。半结构化数据通常具有一定的层次结构，无论是树状还是图状的结构都是具有层次性的。

（2）次序性。半结构化数据各节点之间具有一定的先后次序。

（3）自解释性。半结构化数据的显著优点，是具有自描述结构的能力。

（4）灵活、可扩展性。半结构化数据的另一优点，是可以根据不同需求对同一对象赋予不同的结构，且易于扩展。

（5）异构性。半结构化数据允许同一个数据对象包含不同的数据字段，这也是灵活性的体现。

半结构化数据的结构虽然具有灵活性和异构性，但是其仍然具有一定的语法规则。一般来讲，我们可以用以下四元组来定义一个半结构化数据对象。

定义 2—1　半结构化数据对象

$< Tag, Attributes, Type, Value >$ 表示一个半结构化数据对象，其中：

● Tag 是对象的标签也是它与其他对象进行区分的唯一标示符，其通常就是对象的名称；

● Attributes 是对象的属性，属性也可视为一种特殊的对象，即是某个对象的子对象；

● Type 表示对象的类型，一个对象的类型既可以是基本的数据类型（如整型、浮点型、字符型等），也可以是复杂的数据类型：集合数据类型（如数组）、引用数据类型（如其他半结构化对象的数据类型）；

- Value 表示对象的值。

不同的半结构化数据具有不同的语法规则，但是它们的共同点是允许数据对象之间进行嵌套，但是不允许数据对象交叉，即保证结构的树状或图状结构的合法性。在 XML 中，数据对象通常被称为元素（Element），不同的数据对象之间呈典型的树状结构，在有些研究中它的结构也被描述为"有向图"。本书对元素和数据对象的概念不进行区分，将它们视为属于同一范畴的概念。

前文提到过，半结构化数据和非结构化数据的主要区别在于，半结构化数据的结构可以描述，这种描述半结构化数据逻辑结构的工具称为半结构化数据模式语言，它定义了一个半结构化数据中将包含哪些数据对象。使用模式语言描述一种半结构化数据的结构，就可以根据此模式判断某个具体的半结构化数据是否满足此模式描述的结构，这个过程称为半结构化数据的验证过程。若验证通过，则称该数据相对于此模式是有效的，或者说该数据是此模式的一个实例。

以 XML 为例，目前其最典型的模式语言是 DTD（Document Type Definitions）[1] 和 XML Schema[2]。XML Schema 是对 DTD 不足之处的补充，其最大的特点是其本身也是用 XML 所描述的，它是可以用来描述 XML 文档的结构和内容的语言，可以将 XML 文档中隐含的结构和类型信息明确地表述出来。关于模式语言的概念，将在

---

[1] World Wide Web Consortium. Document Type Definition ［EB/OL］. Available at：http：//www.w3.org/TR/html4/sgml/dtd.html/.

[2] World Wide Web Consortium. XML Schema ［EB/OL］. Available at：http：//www.w3.org/TR/html4/sgml/dtd.html/.

后文进行详细的介绍。

第二节　半结构化数据的结构模型

数据模型是半结构化数据管理的核心问题，它给出了半结构化数据以及数据操作的准确语义，是半结构化数据存储、索引、查询、格式转换等各种操作的基础。前文已经介绍过，半结构化数据呈现图状或者树状结构，因此目前研究者习惯使用基于图状或树状的形式，描述半结构化数据的模型[①]。

目前，大部分相关研究和标准都采用带标签的有向图或者树状来描述 XML 数据模型，如 OEM[②]、XDM （XQuery 1.0 and XPath 2.0 Data Model，XQuery 和 XPath 数据模型）[③]、DOM （Document Object Model，文档对象模型），等等。其中应用最为广泛的当属 XDM 和 DOM 数据模型[④]。

在图论里，"树"也被归为图的一种，而且图状和树状结构之间也可以相互转换。在本书里，半结构化数据的结构模型被统一定义为树状结构。

---

① Matteo Magnani, Danilo Montesib, "A Unified Approach to Structured And XML, Data Modeling And Manipulation", Data & Knowledge Engineering, 2006, Vol. 59, No. 1, pp. 25 – 62.

② Yannis Stavrakas, Manolis Gergatsoulis, "Christos Doulkeridis. Representing and Querying Histories of Semistructured Databases Using Multidimensional OEM", Information Systems, 2004, Vol. 29, No. 6, pp. 461 – 482.

③ World Wide Web Consortium. XQuery 1.0 and XPath 2.0 Data Model (Second Edition) [EB/OL]. Available at: http://www.w3.org/TR/xpath – datamodel/.

④ World Wide Web Consortium. Document Object Model (DOM) Technical Reports [EB/OL]. Availableat: http://www.w3.org/DOM/DOMTR.

第三节 半结构化数据的模式语言

半结构化数据模式语言是实现半结构化数据逻辑结构定义的工具，它决定了一个半结构化数据将包含什么元素，这些元素间的结构关系如何，这些元素出现的规律如何。当给出一个半结构化数据的模式以及与之对应的半结构化数据时，通过半结构化数据解析器就可以判断该数据是否符合模式语言所描述的结构以及其他限制条件，这个过程就称为半结构化数据的验证过程。若验证通过，则称该数据相对于该模式是有效的，或者说该数据是该模式的一个实例。在云计算和物联网环境中，异构数据交换量巨大，验证过程的作用尤为重要，因为半结构化数据模式提供并强制要求了一个适用于某个特定领域交换数据的通用词汇表，通过验证过程可以对数据进行规范。

以 XML 为例，到目前为止，已经提出了多种 XML 模式语言，除了上文提到过的 DTD 和 XML Schema，还有 RELEX[①] 等。根据表现力的不同，模式语言大致可被分为 3 类[②]。

（1）基本模式语言。DTD 就是一种典型的最基本的模式语言，它只能抽象地描述模式，而缺少对数据类型以及其他约束条件的相关定义。

（2）有限扩展的基本模式语言。RELAX 就是属于这一类，它能够充分支持基本的模式抽象和部分数据类型的描述。

---

① International Organization for Standardization. ISO/IEC TR 22250 – 1：2002. Information Technology – Document Description and Processing Languages – Regular Language Deseription for XML（RELAX）– Part 1：RELAX Core, 2002 October ［EB/OL］. Available at：http：//www. xml. gr. jp/relax/.

② 汪陈应：《XML 数据编码与存储管理关键技术研究》，博士学位论文，南开大学，2010 年。

（3）表现能力最丰富的模式语言。最典型的当属 XML Schema，它能够充分支持模式抽象和各种形式的数据类型定义。

显然，DTD 的表现能力比其他模式语言弱，因此 DTD 可以直接转换成其他模式语言，反之则要失去一些表现能力。

DTD 和 XML Scbema 都是 W3C（World Wide Web Consortium，万维网联盟）制定的，同时也是目前最常用的两种 XML 模式语言。相比 DTD，XML Schema 具有以下优点。

（1）XML Schema 模式语言，本身就是 XML 数据，因而在解析和管理模式的时候，不需要其他支持，只需要使用 XML 的解析方式。

（2）如上文所述，XML Schema 可以描述更为复杂和丰富的结构。

（3）XML Schema 不仅可以描述简单数据类型，而且支持基于简单数据类型的引用数据类型，也就是用户自定义数据类型。

第四节　半结构化数据的查询语言

针对半结构化数据的树状结构特征，目前已经提出的许多查询语言，都是基于路径表达式的。以 XML 查询语言为例，XML - QL[①]、XQL[②]、Quitl[③]、XQuery[④] 等，其中 XQuery 是 W3C 组织推荐

---

① World Wide Web Consortium. XML - QL：A Query Language for XML［EB/OL］. Available at：http：//www. w3. org/TR/1998/NOTE - xml - ql - 19980819/.

② Jonathan Robie，Joe Lapp，David Schach. XML Query Language（XQL）［EB/OL］. Available at：http：//www. w3. org/TandS/QL/QL98/PP/xql. html.

③ Don Chamberlin，Jonathan Robie，Daniela Florescu，"Quilt：An XML Query Language for Heterogeneous Data Sources"，Lecture Notes in Computer Science，1997：1 - 25，2001.

④ World Wide Web Consortium. XQuery 1.0：An XML Query Language（Second Edition）［EB/OL］. Available at：http：//www. w3. org/TR/xquery/.

的标准 XML 查询语言。所有这些 XML 查询语言的核心，都是路径表达式 XPath①。根据半结构化数据的树状结构特征，从根节点到每个节点都有且只有唯一的一条路径，路径表达式就是用来描述这条路径信息的，这正是半结构化数据查询不同于关系型数据查询的核心问题。因此，路径表达式的表示、处理和转换是 XML 查询和优化的重要研究课题之一。

由于本书所研究的内容涉及 XML 查询语言的核心——路径表达式 XPath，因此本节将对其进行简单的介绍。XPath 是 W3C 制定的标准，它采用类似于文件系统中文件路径的方式，定位 XML 数据中的节点或者节点集合。根据 XML 规范，可以把 XML 数据的树状结构，看成类似于文件系统的层次结构。通过元素或者属性节点的路径，可以导航定位到指定的节点或者节点集合。

值得注意的是，使用符号 "/@" 可以定位到元素的属性节点。此外，路径表达式还支持使用谓词指定过滤条件，通过对路径之外的信息，更为精确地定位节点或者节点集合。XPath 支持多种形式的谓词，后文会对这部分内容进行更为详细的阐述，这里只简单地介绍 XPath 中几类常用的路径表达式：表示子节点、表示自身或后裔节点、表示属性节点、表示父节点。

根据 W3C 的规范，XPath 表达式包括以下 3 个部分②。

（1）轴（Axis）：规定了节点在半结构化数据的树状结构中的结构关系，如 a/b 表明元素 b 位于元素 a 的子元素的轴上。值得注意的是在表达式中，用 "/" 路径开始代表元素的绝对路径（如/a/b），不用 "/" 路径开始代表元素的相对路径（如 a/b），用 "//" 路径开始代表整个文档满足条件的所有元素（如//a）。

---

① World Wide Web Consortium. XML Path Language（XPath）2.0（Second Edition）［EB/OL］. Available at：http：//www.w3.org/TR/xpath20/.

② Ian Williams. *Beginning XSLT and XPath Transforming XML* Documents and Data. Indianapolis, Indiana：Wiley Publishing, 2009.

（2）验证（Test）：通过节点的名称或者类别定义需要返回的节点类型，如 a/b 表明最后需要返回的节点类型是元素 b。

（3）谓语（Predicate）：通过制定某些条件过滤所选择的结果，这种限制可以是属性、子元素、文档序。例如，/order/item［1］是选择元素 order 中的第一个 item 的子元素，/order/item［price］是选择元素 order 中具有 price 元素的 item 元素，/order/item［price = 16.50］/price 是从隶属于元素 order 的 item 元素中选择具有 price 等于 12.60 元素的 price 元素。

表 2—1 是 XPath 常用轴值的全称以及简写格式的对照表。

表 2—1 **XPath 常用轴值的全称以及简写格式**

常用轴值	全称格式		简写格式	
	写法	示例	写法	示例
孩子	child	x/child∷y	默认轴	x/y
双亲	parent	x/parent∷node()	..	x/..
自己	self	x/self∷node()	.	x/.
属性	attribute	x/attribute∷y	@	x/@y
自己或后裔	descendant-or-self	x/descendant-or-self∷y	//	x//y

第五节 半结构化数据的应用程序接口

半结构化数据应用程序接口，是指能够支持数据流、文本或者其他形式的半结构化数据输入，解析其结构，并可以提供给其他应用程序的操作半结构化数据的方法。以 XML 为例，根据对数据的不同处理方式，其应用程序接口可分为基于 DOM① 和基于 SAX（Simple API for XML，XML 简单应用程序接口）② 两种。

DOM 是以层次结构组织的节点或信息片段的集合。这个层次结构允许开发人员在树状中导航以定位特定信息。分析该结构通常需要加载整个文档和构造层次结构，然后才能做其他工作。由于它是基于信息层次的，因而 DOM 被认为是基于树状或基于对象的。DOM 是 W3C 的一系列推荐标准之一，是描述 XML 数据中信息单元层次中节点和节点间关系的方式。实际的 DOM 推荐标准是一个API（Application Programming Interface，应用程序接口），它定义了XML 文档中出现的对象，以及用于访问和处理这些对象的方法和属性。此外，DOM 还允许开发人员添加、编辑、移动或删除树中任意位置的节点，从而创建一个引用程序。③

在 W3C 介入之前，DOM 的主要功能是 Web 浏览器识别和处理页面元素的方式，也被称为"DOM Level 0"。从 DOM Level 1 开始，DOM API 包含了一些接口，用于表示可从 XML 文档中找到的所有不同类型的信息，以及使用这些对象所必需的方法和属性，支持XML 1.0 和 HTML，每个 HTML 元素被表示为一个接口，包括用于添加、编辑、移动和读取节点中包含的信息的方法。DOM Level 2添加了对 XML 名称空间（XML Namespace）支持，也就支持利用名称空间分割文档中的信息，其在 Level 1 的基础上进行扩展，允许开发人员检测和使用可能适用于某个节点的名称空间信息，此外还增加了几个新的模块，用以支持级联样式表、事件和增强的树操作。DOM Level 3 可以更好地支持创建 Document 对象、增强的名称

---

① World Wide Web Consortium. Document Object Model（DOM）Technical Reports［EB/OL］. Available at：http：//www. w3. org/DOM/DOMTR.

② Megginson Technologies. Simple API for XML［EB/OL］. Available at：http：//www. megginson. com/downloads/SAX/.

③ 袁俊、王增武、廖德钦：《XML 原理及应用》，电子科技大学出版社 2004 年版。

空间支持，以及用来处理文档加载和保存、验证以及 XPath 的新模块。①

但是，对于大规模的 XML 数据而言，解析和加载整个文档的过程可能会很漫长且很耗资源，因此使用基于事件的模型来处理这样的数据会更好，如 SAX。SAX 消除了在内存中构造树状的需要，而且它适用于处理数据流，即随着数据的流动而依次处理数据。

SAX 是由一组接口（Interface）和类（Class）构成的，用于提供一种解析 XML 数据的方法。XML 是用一种层次化的结构来存储数据，解析 XML 就是用某种方法来提取出其中的元素、属性和数据，以便用这些信息进行进一步的操作。SAX 和 DOM 完全不同，使用 DOM 的应用程序通过遵循内存中的对象来参照要求文档中的内容，SAX 则通过向应用程序报告解析事件流来告知应用程序文档的内容。SAX 最初是由 David Megginson 应用 Java 语言开发的，之后 SAX 很快在 Java 开发者中流行起来。SAX 项目现在负责管理其原始 API 的开发工作，这是一种公开的、开放源代码的软件。和其他大多数 XML 标准不同，SAX 并没有开发者必须遵守的标准。因此，SAX 的不同实现可能采用区别很大的接口。不过，所有的这些实现至少有一个特性是完全一样的，就是事件驱动。②

目前，SAX 的实现有很多种，许多编程语言都在其核心功能中内建支持 SAX。本研究也使用了类 SAX 的解析器，具体的内容将在后文中进行介绍。

---

① 袁俊、王增武、廖德钦：《XML 原理及应用》，电子科技大学出版社 2004 年版。
② 同上。

第三章

半结构化数据的管理模型

根据第二章所介绍的半结构化数据的相关知识，本研究认为一个完整的大规模半结构化数据管理模型（如图3—1所示），应当包括4个核心功能：模式提取、节点编码、索引、查询处理。

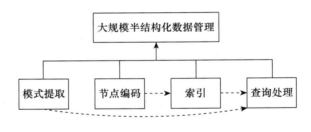

图3—1　大规模半结构化数据管理模型

在图3—1中，实线表示大规模半结构化数据管理模型是由模式提取、节点编码、索引和查询处理4个子模块构成。虚线表明，4个子模块之间存在依赖关系。其中：

（1）模式提取。从大规模半结构化数据中提取结构信息，不仅可以通过模式验证半结构化数据的有效性，而且根据提取的结构信息，还可以构建基于路径表达式的查询语言的基础。

（2）节点编码。节点编码和模式提取一样，其实质都是解析大规模半结构化数据的结构信息。不同之处在于，模式提取解析的是抽象的结构信息，它只提取不同类别的结构信息，而不是对所有节点都提取结构信息；而节点编码，则是对所有节点，根据其结构信息对其进行编码，依据节点的编码就可获知其在源数据中的结构信息。

（3）索引。根据节点编码，可以对大规模半结构化数据建立索引，并以文件的形式固化存储。

（4）查询处理。查询处理是大规模半结构化数据管理的核心功能，它所接收的查询语言是基于（1）所提取的模式而构建的路径表达式，根据查询表达式再从（3）所建立的索引文件中，找到符合条件的节点的位置信息，最终从源文件中返回结果。

第一节　半结构化数据模式提取的 相关研究

在对半结构化数据模式提取的研究中，XML 模式提取是主要的研究对象。而正如第二章第一节所介绍的，DTD 和 XML Schema 是目前主流的两种 XML 模式语言，因此对 XML 模式提取的研究也主要针对这两者。在提取 XML 文档 DTD 的算法中，比较有代表性的有 XTRACT[1]、DdbE[2]，以及 DTD – Miner[3] 等。由于 XML Schema 出现的时间晚于 DTD，所以针对 XML Schema 的研究也相对较晚，

---

① M. Garofalakis, A. Gionis, R. Rastogi, S. Seshadri, K. Shim, "XTRACT: A System for Extracting Document Type Descriptors from XML Documents", In: Proceeding of ACM SIGMOD, 2000.

② Berman L., Diaz A. Data Descriptors by Example [EB/OL]. Available at: http://www. alphaworks. ibm. com/tech/DDbE.

③ Moh C. H., Lim E. P., Ng W. K. DTD – miner: A Tool for Mining DTD from XML Documents [C]. In: Proceedings of International Workshop on Advance Issues of E – commerce and Web – based Information Systems. San Jose: 2000: 144.

而且现有的提取 XML Schema 的研究或工具，如 XStruct[①]、XML-Spy[②]，以及 Stylus Studio[③] 等，都是在提取 DTD 的研究上进行的改进和拓展，并没有根据 XML Schema 的特点，提出专门提取 XML Schema 的算法。此外，这些工具的共同点，就是都采用基于 DOM 的解析方式，将整个 XML 文档的树状结构加载到内存中，再提取其模式信息。显而易见，这种提取方式对硬件环境要求很高，且不适用于大规模半结构化数据的模式提取。

在已有的研究中，无论是 DTD 还是 XML Schema 的提取，核心问题都是如何得到元素的内容模型。参考文献 [31] 中提出了 XTRACT 算法，即先为每个元素的内容模型生成若干正则表达式，然后使用 factoring 算法提取这些表达式的公共因子，最后使用 Minimum Description Length（MDL）规则，选择出最佳的正则表达式作为该元素的内容模型。参考文献 [37] 中对元素的内容模型进行更为严格的定义，规定每个子元素只能在内容模型中出现一次，这种元素内容模型的定义也被许多其他模式提取研究所认同并借鉴，其使用一些启发式规则（Folding Rules 和 Relaxed Transformation Rules）将元素内容模型用正则表达式描述，然后再使用参考文献 [31] 中的 XTRACT 算法的 factoring 算法得到元素的内容模型。参考文献 [38] 将参考文献 [37] 中对元素内容模型的定义进行补充，将元素内容模型定义为 Single Occurrence Regular Expression（SORE），即每个子元素只出现一次的正则表达式，其提取过程是先为每个元素构造一个有限自动机，然后使用 iDTD 算法将有限自

① Jan Hegewald, Felix Naumann, Melanie Weis, "XStruct: Efficient Schema Extraction from Multiple and Large XML Documents", In: Proceedings of 22nd International Conference on Data Engineering Workshops. Atlanta, GA, USA: 2006, p.81.

② Altova. XMLSpy [EB/OL]. Available at: http://www.altova.com/products/xmlspy/xmlspy.html.

③ Progress Software Corporation. Stylus Studio [EB/OL]. Available at: http://www.stylusstudio.com/.

动机转化为正则表达式，最终得到该元素的 SORE。

　　在 XML Schema 出现之后，对于模式提取的研究重点逐渐从 DTD 转移到 XML Schema 上，但是其中大多数依然是参考借鉴了提取 DTD 的研究。在参考文献［39］和参考文献［38］中的 iDTD 算法的基础上改进，提出了 iXSD 算法，参考文献［9］中的 iSOA1 生成元素内容模型，并考虑到 XML Schema 与 DTD 在内容模型的上下文相关性上不同，但是得到的 XML Schema 在对内容模型中子元素出现次数的描述能力上与 DTD 是相同的[①]，并没有体现出 XML Schema 在此方面的优点。XStruct[②] 将文献［37］中的算法进行改进和扩展，改进后的算法不仅可以提取 XML Schema，而且可以支持多个 XML 文档的输入，并增加了对数据类型和属性的分析。XStruct 算法的缺点主要集中在两方面：首先，其未考虑内容模型的上下文相关性，对于标签名相同而路径不同的元素没有区分处理；其次，只有在递归提取所有元素的内容模型的实例后，才使用 factoring 算法对正则表达式进行合并处理，这意味着在 XML 解析的过程中必须将所有不同的内容模型实例都存储起来，但在 XML 结构不规则的情况下，这将占用大量的时间和内存[③]。此外，参考文献［3］中也指出在 XStruct 算法中，由于 factoring 算法的复杂性，导致 XStruct 算法的内存消耗过高。本书对于模式提取的研究，借鉴了 XStruct 算法的优点，并对其改进，这将在第四章中对该算法进行更为详细的介绍。

---

　　① 宁静、刘杰、叶丹：《一种基于内容模型图的 XML Schema Definition 的提取方法》，《计算机科学》2010 年第 6 期。

　　② Jan Hegewald, Felix Naumann, Melanie Weis, "XStruct: Efficient Schema Extraction from Multiple and Large XML Documents", In: Proceedings of 22nd International Conference on Data Engineering Workshops. Atlanta, GA, USA: 2006, p. 81.

　　③ 宁静、刘杰、叶丹：《一种基于内容模型图的 XML Schema Definition 的提取方法》，《计算机科学》2010 年第 6 期。

第二节 半结构化数据节点编码的
相关研究

对大规模半结构化数据进行节点编码，是解决大规模半结构化数据建立索引和查询处理等问题的主流方法之一。节点编码，也称为计数法，旨在通过为半结构化数据中的所有节点提供标示进行编码。节点编码的结果，应当使所有节点按照特定的规则进行排列，即在逻辑上对节点进行序列化。

目前，主要的半结构化数据节点编码方案有以下几种[1]。

（1）前缀编码。前缀编码思想是每个节点都将其父节点的编码作为该节点编码的前缀，它的优点是编码逻辑简单，可以很好地支持动态更新操作。

（2）区间编码。区间编码的思想是为每个节点赋予一个包含起止位置的区间编码值，该节点的所有后裔节点的编码区间都是其自身编码区间的子集，它的优点是根据区间就可判断节点关系。

（3）位向量编码。位向量编码，最早是由 Wirth 提出的，使用 n 位向量，对每个节点进行编码[2]。

（4）PBiTree。PBiTree 编码，是将半结构化数据转化为完全二叉树，然后根据"自底向上，自左至右"的顺序对节点进行编码[3]。

（5）素数编码。素数编码，是根据半结构化数据的树形结构，

---

① 张永财、聂华北：《以节点编码为技术的 XML 数据编码方案综述》，《电脑与电信》2009 年第 4 期。

② Wirth N. ，"Type Extentions"，ACM Transaction on Programming Languages and Systems，1988，Vol. 10，No. 2，pp. 204 – 214.

③ Wang W. ，Jiang H. F. ，Lu H. J. ，"PBiTree Coding and Efficient Processing of Containment Joins"，In：Proceedings of the 19th International Conference on Data Engineering，2003，Vol. 4，pp. 391 – 402.

使用素数对节点进行编码①。

这些已有的编码方法，都有各自的优缺点，缺点主要体现在对于节点动态更新的支持、运算效率、编码长度以及解析速率等方面。本书在上述编码方法，尤其是区间编码和前缀编码的理论基础上，提出了一种新的编码方案，这将在第五章中对区间编码和前缀编码进行详细的介绍。

第三节　半结构化数据索引的相关研究

对大规模半结构化数据建立索引，可以从海量的数据中，快速抽取所需要的信息。一个高效的索引方案，可以大幅提高大规模半结构化数据查询处理的效率，是管理大规模半结构化数据的关键。

在数据库技术中，索引的功能类似于书籍的目录。通过书籍的目录，读者可以不用通读全书，而只挑选自己所喜欢的内容进行浏览。索引对于数据的作用，就是不必遍历整个数据集，就可以快速的访问需要的数据。相对于整个数据集，索引占用的空间是比较小的。

由于半结构化数据与结构化数据存在差异，所以传统关系数据库中的索引技术并不完全适用于半结构化数据。目前对于半结构化数据索引的研究有很多，其索引方案大致可以分为以下几种。

（1）路径索引。将半结构化数据中的每一类路径进行合并，依据路径建立摘要，此类索引有效减少了查询遍历的分支数，提高了单分支的查询速度，但是处理多分支查询时，仍需要很大代价的工

---

① Wu X., Lee M. - L., Hsu W., "A Prime Number Labeling Scheme for Dynamic Ordered XMLTrees", In: Proeeedings of the 20th International Conference on Data Engineering (ICDE). Washington: IEEE computer society, 2004, pp. 66 - 78.

作量。比较有代表性的路径索引有：DataGuide[1]、1 – index[2]、F&B[3]、A（k）– index[4]、D（k）– index[5]。

（2）序列索引。将半结构化数据的树状结构和查询条件转化成序列，对每个子序列建立索引。此类索引可支持便捷的查询，但是在查询时是进行序列匹配而非树状匹配，所以查询结构可能不够准确。比较有代表性的路径索引有：Vist[6]、Prix[7]。

（3）节点索引。使用特殊的编码方式，对每个数据节点进行编码，通过比较编码的值，可以快速有效地确定任意两个节点之间的结构关系。这也是目前被广泛使用的索引方式，比较有代表性的节点索引有：XISS[8]、XR – Tree[9]。

虽然有关半结构化数据索引方法的研究吸引了许多研究者，也取得了大量的研究成果，但是笔者认为仍有许多可改进之处。首

① Sergey Melnik, Hector Garcia – Molina, Erhard Rahm, "Similarity Flooding: A Versatile Graph Matching Algorithm and its Application to Schema Matching", In: ICDE, 2002.

② T. Milo, D. Suciu, "Index Structures for Path Expressions", In: Proceedings of the 7th International Conference on Database Theory (ICDT 1999), 1999, pp. 277 – 295.

③ R. Kaushik, P. Bohannon, J. F., "Naughton Covering Indexes for Branching Path Queries", In: Proceedings of the 2002 ACMSIGMOD International Conference on Management of Data (SIGMOD 2002), 2002, pp. 133 – 144.

④ R. Kaushik, P. Shenoy, "P. Bohannon. Exploiting Local Similarity for Indexing Paths in Graph – structured Data", In: ICDE, 2002, pp. 129 – 140.

⑤ C. Qun, A. Lim, K. W. Ong, "D（k）– index: An Adaptive Structural Summary for Graph – structured Data", In: SIGMOD Conference, 2003, pp. 134 – 144.

⑥ H. Wang, S. Park, W. Fan, "Vist: A Dynamic Index Method for Querying Xml Data by Tree Structures", In: SIGMOD Conference, 2003, pp. 110 – 121.

⑦ P. Rao, B. Moon, "Prix: Indexing and Querying Xml Using Prüfer Sequences", In: ICDE, 2004, pp. 288 – 300.

⑧ Harding P. J., Li Q. Z., Moon B., "XISS/R: XML Indexing and Storage System Using RDBMS", In: Freytag JC, Lockemann PC, Abiteboul S, Carey MJ, Selinger PG, Heuer A, eds. Proc. of the 29th Int'l Conf. on Very Large Data Bases (VLDB). Berlin: Morgan Kaufmann Publishers, 2003, pp. 1073 – 1076.

⑨ H. Jiang, H. Lu, W. Wang, "XR – Tree: Indexing XML Data for Efficient Structural Join", In: Proceedings of the 19th International Conference on Data Engineering (ICDE 2003), 2003, pp. 253 – 263.

先，目前大部分对索引方法的研究多集中在编码方案方面，但是回顾现有关系数据库的索引方法，一个良好编码方案对整个索引性能的提升是有限的，一个良好的主—辅索引体系，才是提升索引性能的关键。其次，目前已有的索引编码方案，大部分都只提供了编码的方式或算法，但是索引编码方法的优劣还要考察其如何串行化、如何持久化，而这点却被很多研究者忽略。最后，目前所有相关研究或局限于以数据为中心的半结构化数据，或忽视对以文档为中心的大规模半结构化数据特殊性的考虑。本书将在第四章针对这些问题，提出一套更为合理有效的索引方案。

近年来，人们提出了许多索引方法和技术，其中最典型的索引技术是将半结构化数据看成一个对象树，对整个文档对象进行一定形式的编码，编码的根本目的是逻辑上能够直接判断节点与节点之间的结构关系，进而采取一定形式的查询策略来对整棵查询树执行查询处理算法。

一般而言，半结构化数据可以分为两类：数据型和文本型。数据型的特点是数据只出现在对象树的叶节点上，类似一个结构化的数据集，这很容易将其与一个支持子字段的关系型数据库相关联；文本型的特点是数据既可以出现在对象树的叶节点上，也可以出现在分支节点上，是一个结构化与非结构化相混合的数据集，这种情况就很难用一个关系型数据库结构来描述。[1]

第二节介绍过，鉴于半结构化数据的特点，目前比较具有代表性的索引方法主要有以下几种：路径索引、序列索引、节点索引等。此外，在实际使用中，关系型数据库存储法也被广泛地应用。其主要思想是将半结构化数据拆分存入关系表，从而利用关系型数

---

① 夏立新：《XML 文档全文检索的理论与方法》，科学出版社 2011 年版。

据库的强大功能对半结构化数据建立索引并进行查询处理[①]。

参考文献［79］中介绍了结构归纳法、结构索引节点定义法、节点编码和倒排索引等索引方法，它们各自具有优缺点。本研究认为单一的某种索引方法，对于大规模半结构化数据的查询处理来说，始终存在缺陷。而一个高效的查询策略，应该建立在一个完善的索引方案之上。因此，本研究在综合考虑目前已有的关系型数据库和大规模半结构化数据的索引技术的优缺点的基础上，致力于设计一套完善的索引方案，使其能够支持高效的查询处理。

第四节　半结构化数据查询处理的
相关研究

目前，对于半结构化数据查询处理的研究，主要集中在对带有分支查询的查询表达式处理方面。在查询语言或查询表达的方面，已有的研究成果已经较为成熟，且形成了相关标准。以 XML 为例，目前得到了广泛认同并应用的查询语言当属 XQuery[②]，它是 W3C 组织推荐的 XML 查询语言。目前，主流数据库 MS SQL Server、Oracle、DB2 等都支持 XQuery[③]。包括 XQuery 在内的几乎所有的 XML 查询语言的核心，都是基于路径表达式 XPath[④]。XPath 是用于表达 XML 文档内独立信息项目的 W3C 通信机制，提供方法对 XML 文件中的区段进行区分。XPath 是一种 XML 文档的寻址语言，是定义

---

① 王竞原、胡运发、葛家翔：《一种新的 XML 索引结构》，《计算机应用与软件》2008 年第 3 期。

② World Wide Web Consortium. XQuery 1. 0: An XML Query Language (Second Edition) [EB/OL]. Available at: http://www.w3.org/TR/xquery/.

③ Prisciall Walmsley：《XQuery 权威指南》，王银辉译，电子工业出版社 2009 年版。

④ World Wide Web Consortium. XML Path Language (XPath) 2. 0 (Second Edition) [EB/OL]. Available at: http://www.w3.org/TR/xpath20/.

XML 文档元素的语法规则集合。XPath 类似传统的文件路径，即使用路径表达式去确定 XML 文档的节点，这些路径表达式与计算机系统使用的文件系统极为相似。①

根据 XML 和 XPath 的关系，不难看出路径表达式是半结构化数据查询不同于结构化数据查询的关键所在。根据以往的研究，半结构化数据查询处理的核心问题，就是提出一个可解析类似于 XPath 路径表达式，并准确找到相关数据节点的方案。前文指出，提高查询效率最直接的方法就是建立高效的索引，而大部分有关查询优化的研究也通常是和一个具体的索引方法联系在一起的。本书第五章，将在索引技术的基础上，实现对大规模半结构化数据的查询处理。

大规模半结构化数据的查询处理，本质上是对树状结构（有向图）的搜索，一般而言，很多研究都是从半结构化数据中抽取模式信息，以指导查询处理和优化。其中，传统的、比较具有代表性的有数据导则法（Data Guide）② 和图模式法（Graph Schemas）③。目前对大规模半结构化数据的查询处理的研究，大部分都利用索引来提高查询速度。此外，在参考文献［5］中提出，半结构化数据的查询过程应当包括：查询语句语法检查、查询改写、生成查询计划、优化查询、执行查询、返回结果 5 个步骤，而查询语言则是整个查询过程的核心。

在 XPath 出现之后，越来越多的研究逐渐把它作为半结构化数据的查询语言的核心。因为，XPath 是 W3C 发布的一种 XML 文档的标准寻址语言，其语法规则被广泛认同。XPath 语言定义了如何

---

① 袁俊、王增武、廖德钦：《XML 原理及应用》，电子科技大学出版社 2004 年版。

② McHugh J., Abiteboul S., Glodman R., "Lorel: A Database Management System for Semi-structured Data", In: ACM SIGMOD: 1997, 26 (2), pp. 54 – 66.

③ Fernandez M., Suciu D., "Optimizing Regular Path Expressions UsingGraph Schemas", In: Proceedings of the 14th International Conference on Data Engineering. Los Alamitos: 1996, pp. 14 – 23.

在 XML 数据中精确定位和匹配 XML 的元素节点。其原理类似于操作系统中的文件管理系统，通过文件管理路径，可按照一定的规则查找到所需要的文件。XPath 也是如此，根据所指定的规则，可以方便地找到 XML 数据中的节点。①

总而言之，一个高效的半结构化数据查询处理方案，应该支持结构化查询，即通过 XPath 等路径表达式，可以准确快速地找到所需要的节点。

---

① 张晓琳、陈向阳、路皓：《基于结构索引的 XML 数据流的 XPath 查询技术》，《计算机与信息技术》2010 年第 6 期。

第四章

半结构化数据的模式提取

前文介绍过半结构化数据需要模式语言定义结构，并验证数据的有效性，从而提高数据的质量。模式语言，还能够对半结构化数据的查询、转换、集成等操作进行优化和自动化处理。此外，在不清楚源数据结构信息的情况下，使用者可以通过模式了解数据中节点间的结构关系，并构建路径查询表达式，从而获取特定节点的信息。但是，在实际使用中，半结构化数据结构的重要性经常被忽视。以 XML 为例，根据资料显示，网上所搜集到的 XML 文档有将近一半未提供 XSD（XML Schema Definition）或 DTD，[①] 此外有将近三分之二的 XML Schema 不符合 W3C 的标准，在实际应用中无法使用。[②] 此外，虽然目前有许多工具，可以很方便地提取出半结构化数据的模式，但是由于这些工具对运行环境都有极高的依赖，无法提取大规模半结构化数据模式。无论是模式的缺失、错误还是不

① Denilson Barbosa, Laurent Mignet, Pierangelo Veltri, "Studying the XML Web: Gathering Statistics from an XML Sample", In: World Wide Web, 2005, Vol. 8, No. 4, pp. 413 – 438. L. Mignet, D. Barbosa, and P. Veltri, "The XML Web: A First Study", In: Proceedings of the Twelfth International World Wide Web Conference. Budapest, Hungary: 2003, pp. 500 – 510.

② Geert Jan Bex, Wim Martens, Frank Neven, Thomas Schwentick, "Expressiveness of XSDs: From Practice to Theory, There and Back Again", In: Proceedings of the 14th international World Wide Web Conference. Chiba, Japan: 2005, pp. 712 – 721. Geert Jan Bex, Frank Neven, Jan Van den Bussche, "DTDs versus XML Schema: A Practical Study", In: Proceedings of WebDB, 2004, pp. 79 – 84.

准确，都会影响到半结构化数据内容的准确性，尤其是大规模半结构化数据的使用。

因此，本章所研究的内容，就是以 XML 数据为例，提出一种快速有效地提取半结构化数据模式的方案：第一节将对提取半结构化数据模式的最小粒子——元素内容模型进行定义，并提出衡量所提取模式的质量标准；第二节将对目前使用最为普遍的基于正则表达式的模式提取方法进行归纳，重点介绍对本研究产生重要影响的 XStruct 算法，并总结其优缺点；第三节将详细介绍本书所提出的一种基于集合/序列的模式提取方法——XTree 算法；第四节将通过实证研究证明使用 XTree 算法所提取的模式信息符合第一节所定义的数据质量标准，且在时间和内存消耗方面，具有良好的性能；第五节是对本章进行总结。

第一节 半结构化数据的元素内容模型

一般来说，半结构化模式语言，是通过描述一个元素所有可能的子元素，来定义一个半结构化数据的结构模型。在许多研究中，都把一个元素的子元素的信息称为元素内容模型（Element Content Model）。[①] 因此，提取半结构化数据模式的核心问题就是提取相关元素的内容模型。

一 半结构化数据的树状结构模型

在介绍半结构化数据的元素内容模型之前，本书首先对半结构化数据的结构模型进行定义，正如前文的介绍，本书将半结构化数

---

① Jun－KiMin，Jae－Yong Ahn，Chin－Wan Chung，"Efficient Extraction of Schemas for XML Documents"，Information Processing Letters，2003，Vol. 85，No. 1，pp. 7－12.

据的结构模型统一描述为树状模型。

定义 4—1　半结构化数据树状结构模型

半结构化数据 SD^E（E 表示半结构化数据的元素集合），可以表示为一棵有序的标签树[①]$T = (N, V, root, ED, \Sigma, attr, type, tag, value, \leqslant)$，其中：

- N 是半结构化数据的节点（包括元素节点和属性节点）的集合；

- V 是半结构化数据的节点值的集合；

- $root \in N$ 是树状结构模型的根节点；

- 二元关系 $ED \in N^2$ 是半结构化数据中节点之间边的集合，如果 u 是 v 的父节点或 v 是 u 的子节点，则 $(u, v) \in ED$；

- 有穷字母表 Σ 是由半结构化数据 SD^E 的元素和属性的标签组成的集合；

- 函数 $attr : N \rightarrow \{true, false\}$ 确定节点是否为属性节点，$attr(n) = true$ 表示节点 v 为属性节点，$attr(n) = false$ 表示节点 n 为元素节点。$N_a = \{n \mid n \in N \wedge attr(n) = true\}$ 表示属性节点集合，$N_e = \{n \mid n \in N \wedge attr(n) = false\}$ 表示元素节点集合。$N = N_a \cup N_e$；

- 函数 $type : N \rightarrow \{integer, boolean, string, \cdots, complex\}$，用来确定节点的数据类型。当 $n \in N$ 时，有 $type(n) = integer$ 表示节点 n 为整型，$type(n) = boolean$ 表示节点 n 为布尔型，$type(n) = string$ 表示节点 n 为字符串型，$type(n) = complex$ 表示节点 n 为复合型；

---

① 张海威、袁晓洁、杨娜等：《元素路径模型：高效的 XML Schema 提取方法》，《计算机工程》2008 年第 2 期。

- 函数 $tag:N \rightarrow \Sigma$，得到结果是元素或属性节点的标签，记为 $tag(n) = t, n \in N$，且 $t \in \Sigma$。$\Sigma_a = \{t \mid t \in \Sigma \wedge tag(n) = t \wedge n \in N_a\}$，表示属性节点标签的集合，$\Sigma_e = \{t \mid t \in \Sigma \wedge tag(n) = t \wedge n \in N_e\}$ 表示元素节点标签的集合；

- 函数 $value:N \rightarrow V$，得到的结果是元素或属性节点的值；

- 二元关系 $\leqslant \subset N^2$，定义了半结构化数据的次序，在 SD^E 中如果节点 u 出现在 v 之前或者 $u = v$，则 $(u,v) \in \leqslant$ 或者记为 $u \leqslant v$；

- T 称为半结构化数据的树状结构模型。

根据定义 4—1 可以得出，T 中元素节点的标签和 SD^E 中的元素具有一一对应的关系，即 T 中 $\forall n \in N_e$，在 SD^E 中有且仅有一个元素 $e \in E$，满足 $Name(e) = tag(n)$，其中 $Name(e)$ 表示元素 e 的名称。

此外，在许多半结构化数据的路径表达式中，属性节点可以被视为一种特殊的元素节点。其与元素节点的不同在于，属性节点一定是某一元素的子节点，不同元素可以具有相同名称的属性，同一元素的所有具有相同标签的属性节点属于同一类节点。即 T 中 $\forall u$, $v \in N_a$, $Parent(u) = e_u$, $Parent(v) = e_v$, $e_u, e_v \in E$，且 $Name(e_u) \neq Name(e_v)$。$Parent(u)$ 表示节点 u 的父节点。

不难看出，T 中每一个元素 e 的子元素信息——元素内容模型，也可以视为以其为根节点的树状结构模型。因此，对半结构化数据模式的提取，可以分解为对其中每个元素内容模型的解析，并将得到的所有元素内容模型进行合并，就可以得到整个数据的结构模型。

二 半结构化数据的元素内容模型

半结构化数据的元素内容模型，被用于描述一个元素的内容和结构，它被公认为是提取半结构化数据模式的最小粒子。对元素内容模型的定义有很多，目前被广泛接受和认可的是在文献 ［34］ 和 ［37］ 中的形式化定义。

定义 4—2　半结构化数据的元素内容模型[①]

$E: = (T_1 \cdots T_k)^{<min, max>}$，其中：

● T_n 表示一个项（Term），定义了一组符号的集合。$min \in \{0, 1\}$，表示元素内容模型中，每一项可能出现次数的最小值。$max \geqslant 1$，表示元素内容模型中，每一项可能出现次数的最大值。

● T_n 既可以是顺序性的，也可以是选择性的，其定义如下：

$T_n : (s_{n1}^{opt} \cdots s_{nj}^{opt})^{<min, max>}$，顺序项

$T_n : (s_{n1}^{opt} \mid \cdots \mid s_{nj}^{opt})^{<min, max>}$，选择项

● s 是一个元素的标示，可以用其标签表示，即定义 4—1 中，$tag(n) = t, n \in N,$且 $t \in \Sigma$。$min \in \{0,1\}$，表示元素在每一项可能出现次数的最小值。$max \geqslant 1$，表示元素在每一项可能出现次数的最大值。$opt \in \{true, false\}$，表示元素在每一项中是否必须出现。可以看出，项 T_n 描述了一组元素，其中每个元素既可能是必需的（$opt = false$），也可能是可选的（$opt = true$），且每个元素的出现次数必须介于最小值 min 和最大值 max 之间。当 $opt = false$ 时，可以不用标示；当 $max = min = 1$ 时，也可以不用标示。显然，项 T_n 就是一个元素节点，且可以用模式语言描述为一个复合数据类型，即定义 4—1 中，$type(T_n) = complex$。

由于元素内容模型包含了关于最小出现次数、最大出现次数，以及对应的子元素标签的信息，因此模型可以被表现力最为丰富的模式语言，如 XML Schema，准确地描述。基于元素内容模型的模式提取方法，已经被广泛认同，且已经被应用于 XML 文档的 DTD

---

① Jan Hegewald, Felix Naumann, Melanie Weis, "XStruct: Efficient Schema Extraction from Multiple and Large XML Documents", In: Proceedings of 22nd International Conference on Data Engineering Workshops. Atlanta, GA, USA, 2006, p. 81.

和 XML Schema 的提取。

三 提取大规模半结构化数据模式的质量标准

一般来说，从半结构化数据中所提取的模式，应符合以下质量标准[①]：

（1）正确性。提取的模式必须符合所输入的半结构化数据。由于同类的数据集合必须都能通过所提取的模式的验证，因此结构的正确性是至关重要的。

（2）简洁性。所提取的模式应当可以通过简短的定义，覆盖该类数据，集中所有数据的结构。

（3）准确性。然而，在确保简洁性的基础上所生成的模式不能太过笼统，与输入数据结构不同的其他结构的数据，通过该模式验证时应当是无效的。

（4）可读性。所生成的模式应当易于阅读，而且应当尽可能地接近当初所设计的结构。

不难看出，上文中（2）和（3）都是满足（4）的决定性因素，而且它们之间存在一个权衡关系，即一个良好的模式既要足够简洁，尽可能地覆盖所有相关的数据，又要十分准确，使不同类结构的数据无法通过结构验证。

由于本书的研究对象不仅是普通的半结构化数据，其数据规模比较大，甚至可能包括多个数据，因此针对大规模半结构化数据模式的提取，还应符合以下质量标准。

（5）稳定性。提取结构所消耗的时间和内存，应该稳定在一定范围内，不应随着输入数据规模的增大而大幅波动。

---

① C. Batini, M. Lenzerini, and S. B. Navathe, "A Comparative Analysis of Methodologies for Database Schema Integration", ACM Computing Surveys, 1986, Vol. 18, No. 4, pp. 323 – 364.

（6）并发性。支持多数据输入，可并发地对同类结构的数据集提取模式。

第二节　基于正则表达式的模式提取方法

综上所述，提取半结构化数据模式的核心问题就是提取相关元素的内容模型。由于半结构化数据的元素内容模型，很容易被正则表达式描述，所以目前比较主流的半结构化数据模式提取都是基于正则表达式的。这些算法的共同点，是遍历整个半结构化数据的树状结构，并将获取的元素内容模型以正则表达式的方式进行描述、存储、合并，最终形成模式。而区别则在于，合并元素内容模型的方式不同。

一　元素内容模型的正则表示

在许多研究中，尤其是关于提取 XML Schema 的研究中，都认为元素内容模型可以抽象为正则表达式，而且是确定性的正则表达式。[①] 所谓确定性正则表达式，可以通俗地理解为：对于句子中的任意字符，无须向前追溯，就可以确定使用表达式中的哪个字符与之进行匹配。[②] 例如，正则表达式 "$a*b?a$" 和句子 "aaa"，如果不向前看，就无法确定最后一个 a 应该和正则表达式中的哪个 a 进行匹配，所以此正则表达式是非确定性的。为此，很多研究进一

---

① Thompson H. *XML schema part 1*: *Structures. W3C Recommendation*, 2001.

② 宁静、刘杰、叶丹:《一种基于内容模型图的 XML Schema Definition 的提取方法》,《计算机科学》2010 年第 6 期。

步将元素内容模型定义为限制性的内容模型[①]，将元素内容模型限定为每个子元素的符号只能出现一次，即在定义 4—2 中，项 T_n 中每个符号 s 只能出现一次。根据此模型得到的正则表达式，其中每个字符也只出现一次，这种正则表达式也称为单次出现正则表达式（Single Occurrence Regular Expression，SORE）。例如，$a*b?c$ 是 SORE，而 $a*b?a$ 不是，因为 a 出现了两次。根据参考文献［38］中对 XML 数据的调查，在实际使用中，有 99% 的 DTD 和 XML Schema 都是符合 SORE 的。根据定义 4—2，可以看出在元素内容模型中，一个元素的出现次数可能是多次的，且介于最小值 min 和最大值 max 之间，为了更准确地描述，参考文献［34］［37］［40］中将 SORE 进行扩展为带有次数标记的单次出现正则表达式（Extended Single Occurrence Regular Expression，ESORE）[②]。例如，$aabccc$，就可以表示为 $a^{<1,2>}b\,c^{<1,3>}$。这也符合提取模式质量标准中对于简洁性的要求。

为了保证元素内容模型可以使用 ESORE 表达，参考文献［37］中要求元素内容模型都应具有无重复类型（No Duplication Type）的属性。对无重复类型的定义如下：

定义 4—3　无重复类型

---

① Jan Hegewald, Felix Naumann, Melanie Weis, "XStruct: Efficient Schema Extraction from Multiple and Large XML Documents", In: Proceedings of 22nd International Conference on Data Engineering Workshops. Atlanta, GA, USA, 2006, p. 81. Jun – KiMin, Jae – Yong Ahn, Chin – Wan Chung, "Efficient Extraction of Schemas for XML Documents", Information Processing Letters, 2003, Vol. 85, No. 1, pp. 7 – 12. Bex G., et al., "Inference of Concise DTDs from XML Data", In: Proceedings of the 32nd International Conference on Very Large Data Bases. Seoul, Korea: VLDB Endowment, 2006, pp. 115 – 126. Bex G. J., Neven F., Vansummeren S., "Inferring XML Schema Definitions from XML Data", In: Proceedings of the 33rd International Conference on Very Large Data Bases. Vienna, Austria: VLDB Endowment, 2007, pp. 998 – 1009.

② 宁静、刘杰、叶丹：《一种基于内容模型图的 XML Schema Definition 的提取方法》，《计算机科学》2010 年第 6 期。

对于一个元素内容模型 $E:=(T_1\cdots T_k)^{<min,max>}$：

● 函数 $\sigma:T\to\Sigma$ 是项 T 中元素标签的集合，即 $\sigma(T_x)=\{tag(s_{xy})\mid s_{xy}$ 是项 T_x 中的符号，T_x 是元素模型 E 中的项$\}$。

● 非相交项：如果 $i\neq j$ 且 $1\leqslant i,j\leqslant k$，那么 $\sigma(T_i)\cap\sigma(T_j)=\varphi$。

● 非相交符号：对于元素模型 E 中的项 T_l，有 $\sigma(T_l)=\{tag(s_{l1})\cdots tag(s_{ln})\}$，如果 $a\neq b$ 且 $1\leqslant a,b\leqslant n$，那么 $tag(s_{la})\neq tag(s_{lb})$。

● 如果一个元素模型其所有的项都是非相交项，项中所有的符号都是非相交符号，那么此元素模型就是无重复类型的模型。

但是，并非所有的元素内容模型都如此简单，在大多数情况下，元素模型 $E:=(T_1\cdots T_k)^{<min,max>}$ 中，每个项 T 可能会有重复的元素符号。此时，需要使用一些启发式规则（Folding Rules 和 Relaxed Transformation Rules）[①] 将数据进行合并和转化等处理，最终生成正则表达式。

例4—1 在图4—1所示的半结构化数据中，元素 a 的内容模型由4个项组成，$E_a=(T_1\,T_2\,T_3\,T_4)=((bcf)(bbf)(df)(def))$。其中，$\sigma(T_1),(T_2),\sigma(T_3),\sigma(T_4)$ 的交集都不是 φ。此内容模型不是无重复类型模型，无法用 ESORE 表示。

将 T_1,T_2,T_3 和 T_4 进行化简合并，可以得到 $E_a=((b^{<1,2>}c^{opt}f)(de^{opt}f))=(((bc^{opt})^{<1,2>}\mid(de^{opt}))f)$，此时所得到的才是无重复类型模型，可以用 ESORE 表示为 $(((bc*)+)\mid(de*))f$。在不同研究中，使用的启发式规则也不尽相同，本书对此内容不进行详细介绍。

---

① M. Garofalakis, A. Gionis, R. Rastogi, S. Seshadri, K. Shim, "XTRACT: A System for Extracting Document Type Descriptors from XML Documents", In: Proceeding of ACM SIGMOD, 2000.

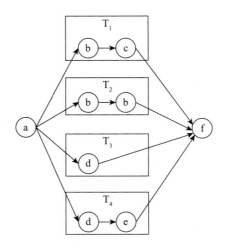

图 4—1　例 4—1 半结构化数据

二　XStruct 算法简介

在诸多提取半结构化数据模式的算法中，XStruct[①] 是极具代表性的。XStruct 是从 XML 文档中提取 XML Schema 的算法，它将参考文献［37］中的算法进行扩展，不仅能够从多个 XML 文档中提取 XML Schema，还增加了对元素数据类型和属性的分析。XStruct 使用参考文献［31］中的启发式规则为每个元素的每一次出现生成一个内容模型实例，再基于参考文献［31］中的 factoring 算法对所有的内容模型实例进行合并，并最终形成该元素的内容模型。

XStruct 算法，主要从两个方面来提取一个 XML 元素的内容模型。一方面，是元素的基本属性——元素的名称即标签以及元素的数据类型，通过这两个基本属性，可以用来区分不同的元素。另一

---

① Jan Hegewald, Felix Naumann, Melanie Weis, "XStruct：Efficient Schema Extraction from Multiple and Large XML Documents", In：Proceedings of 22nd International Conference on Data Engineering Workshops. Atlanta, GA, USA, 2006, p. 81.

方面，是元素的出现次数，即每个元素实例的出现次数。XStruct 算法主要由 5 个功能模块组成，图 4—2 是 XStruct 算法的结构组成图。

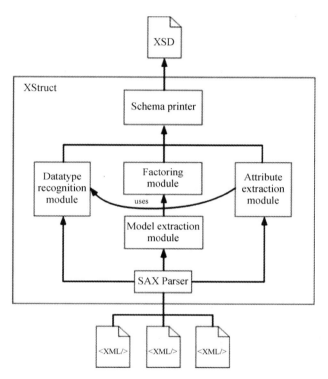

图 4—2　XStruct 算法的结构组成①

出于对大规模和多文档处理能力以及时间和内存消耗的考虑，XStruct 使用 SAX 作为解析器，串行处理多个 XML 文档的输入。SAX 解析 XML 文档中的一个元素后，将数据传送至 XStruct 的 3 个模块：模型提取模块（Model Extraction Module）、属性提取模块（Attribute Extraction Module）以及数据类型识别模块（Datatype Recognition Module）。其中，模型提取模块将提取的模型结果提交

①　Megginson Technologies. Simple API for XML ［EB/OL］. Available at：http：//www. megginson. com/downloads/SAX/.

给因子处理模块（Factoring Module），对模型进行合并、化简等进一步的处理。最后，模式输出模块（Schema Printer）将因子处理后的内容模型、提取的属性以及识别的数据模型进行组合，构成最终的模式信息，并以 XSD 文件的形式输出。

值得一提的是，XStruct 并没有向参考文献［37］的研究一样，使用 DOM[①] 对解析的 XML 数据进行存储和进一步处理，因为 DOM 是将整个 XML 文档的内容以树状形式进行存储，这使得其在处理大规模数据时会耗费大量的内存资源。XStruct 使用一种叫作结构模型（Structure Model）的数据结构，仅存储 XML 文档中的必要信息。结构模型，为每类抽象的 XML 元素而不是一个元素的每次出现，建立一个实体，并存储在哈希表（Hash Table）中。这个实体将元素名称映射为一个索引值，这个索引值指示了这个元素在结构模型的第二个部分——XML 元素表（A List of XMLElements）中的位置。一个 XML 元素（XMLElements）存储了 XML 文档中的一类元素，包括它的名称、属性和数据类型，还包括最重要的信息，该元素的内容模型表。

结构模型按如下规则运行：当解析器遇到一个元素的开始标签时，这个元素将会被添加到其父节点的子元素队列中。此外，其属性以及数据类型的处理结果，也会被存储进结构模型中。当解析器遇到一个元素的结束标签时，模型解析模块会被启动，将该元素所包含的依次出现的子元素队列转化为一个该元素的内容模型实例。

因此，在解析过程完成后，结构模型存储了在文档中所发现的所有不同类型的 XML 元素，并且每个元素又包含了一个元素内容模型表。XStruct 为一个元素的每次出现都提取元素内容模型，但是其只存储那些尚未被保存的不同的内容模型。在实际应用中，在一

---

① World Wide Web Consortium. Document Object Model（DOM）Technical Reports［EB/OL］. Available at：http：//www.w3.org/DOM/DOMTR.

个正常的文档中，无论一个元素出现多少次，其内容模型都应该大致相同。因此，这在一定程度上，降低了 XStruct 的内存消耗。在图4—3 中，展示了 XStruct 使用结构模型存储一个 XML 文档结构的结果。

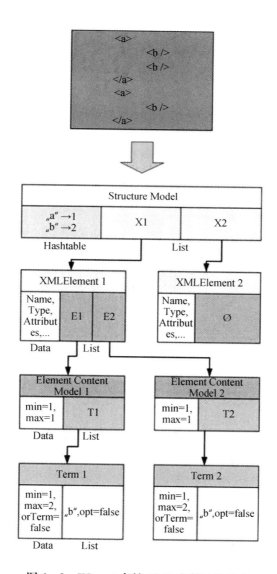

图4—3　XStruct 存储 XML 文档结构示意

无论从理论方面还是实际应用方面衡量，XStruct 都是一个比较完善的结构提取算法，并已使用 Java 进行实现，可在其网站①上下载进行使用。

三 XStruct 算法的优缺点

与目前已有的其他模式提取方法相比，XStruct 算法具有以下优点。

（1）使用 SAX 作为 XML 文档解析器，提高了算法对大规模数据的处理能力，同时也能更好地支持多文档的输入。正如第二章第五节的介绍，如今 XML 解析器大致可以分为两种，DOM 和 SAX。DOM 用与平台和语言无关的方式表示 XML 文档的官方 W3C 标准，它是将文档的内容以树状形式在内存中持久化，它的优点是处理方便，访问灵活，但是由于其需要一次性加载整个文档，因此很耗费资源。SAX 虽然只能单向解析 XML 文档，但是其不需要将文档中的数据存储在内存中，在处理大规模数据时，这是一个巨大的优点。

（2）使用自定义的数据结构，存储文档的元素内容模型。与 DOM 的文档树状结构相比，以哈希表为存储核心的结构模型，仅存储必要的元素信息，且避免了重复存储，在一定程度上减少了时间和内存的消耗。

（3）引入数据类型的识别。在 XStruct 之前的许多方法中，并没有对数据类型的识别给予关注。因此，XStruct 提供了一套完整的数据类型识别的理论模型，经实证研究证明其具有较高的准确性，这也使其提取的模式更为准确。

虽然 XStruct 算法，在传统的模式提取方法的基础上进行了改

① XStruct：Efficient Schema Extraction from Multiple and Large XML Documents ［EB/OL］. Availableat：http：//www2. informatik. hu－berlin. de/mac/xstruct/.

进和优化，但是其仍然具有许多局限性。

（1）多文档输入时，只能串行解析，处理的效率偏低。XStruct 在多文档的处理时，实质上只是重复多次地处理单个文档。如果能同时并发地处理多个文档，那将提高整个算法的处理效率。

（2）XStruct 的实质依然是遵循了传统的基于正则表达式的模式提取方法，将元素的每一次出现都描述为一个元素内容模型实体，最后再进行 Factoring 处理，这无疑会增加时间和内存的消耗。如果对每个元素只存储一个内容模型，那么此元素的每次再出现只需对已有模型进行 Factoring 处理，从理论上讲，可以降低时间和内存的消耗。

在 XStruct 算法中，无论是顺序项还是选择项，其实都是将元素的内容模型定义为有序的，但是如果 XML 文档中元素的内容是无序的话，那么所提取的模式将会把文档中所出现的全部不同序列进行罗列，因此模式的简洁性和可读性将大大降低。如果提取的 XML Schema 所列举的序列中出现重复序列，那么此结构将无法通过 Atoval XMLSpy① 等工具的验证。而且，若 XML Schema 无法列举所有可能的序列，那么其准确性也无法保证。在实际的应用中，并不是所有 XML 文档的元素内容模型都是有序的。此外，如果 XML 文档中某种元素的子元素的排列均为无序排列，例如，某元素有 10 个不同的子元素，且其排列无序，如果在内容模型中每个子元素都出现且只能出现一次的话，其内容模型就有 10！= 3628800 种，因此解析所花费的时间和占用内存也是巨大的，这其实也是传统的基于正则表达式的结构提取方法所遗留的弊端。

总而言之，虽然对于基于正则表达式的模式提取方法的研究，取得了卓越的研究成果，但是这类方法是从提取 XML 的 DTD 模式

---

① Altova. XMLSpy ［EB/OL］. Available at：http：//www. altova. com/products/xmlspy/xmlspy. html.

信息发展而来，而 DTD 模式的表现力显然不如 XML Schema，虽然对其进行了扩展，但是并没有突破这类方法的理论模型，所以这类算法在提取 XML Schema 时是有局限性的。

第三节　基于集合/序列的模式提取方法——XTree

本研究针对 XStruct 算法的不足，在传统的基于正则表达式的模式提取方法的基础上提出了 XTree 算法[①]，该算法的功能是用于提取 XML 数据的 XML Schema。其最大的特点是引入了对元素内容模型是否有序的判断，提高了所提取的模式的简洁性、准确性和可读性。

一　XTree 算法的组成

XTree 算法主要从以下几个方面对元素内容模型进行解析：名称（标签）、数据类型、属性、子元素等。其主要由 XML 解析器（XML Parser）、属性提取模块（Attribute Extraction Module）、元素内容模型提取模块（Element Content Model Extraction Module）、数据类型识别模块（Datatype Recognition Module）以及模式生成器（Schema Generator）5 个模块组成，图 4—4 是 XTree 算法的架构图。

和图 4—2 相比，XTree 和 XStruct 算法在架构上有着明显的区别，主要有以下几点。

---

① Yin Zhang, Hua Zhou, Qing Duan, Yun Liao, Junhui Liu, Zhenli He, "Efficient Schema Extraction from Large XML Documents", In: 2012 5ᵗʰ International Conference on BioMedical Engineering and Informatics (BMEI 2012). Chongqing: 2012, pp. 1257 – 1262.

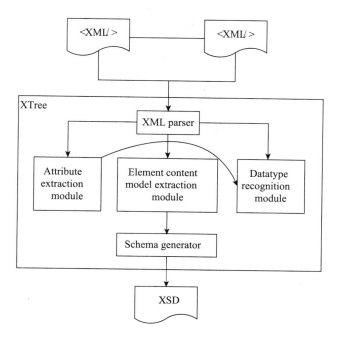

图 4—4　XTree 算法架构图

（1）简化元素内容模型提取的过程，删减了因子处理模块（Factoring Module）。在元素内容模型提取过程中，不会为元素的每次出现实例化为一个内容模型，而是始终只保存一个模型，当该元素再次出现时，将直接和现有模型进行比对，做更新处理。

（2）支持多文档并发输入，提高了对大规模数据的处理能力。由于前文上述标题（1）中的优化，使得整个 XTree 算法的时间和内存消耗都大为削减。在此基础上，对于每个输入文档，XTree 算法都为其分配了一个 XML 解析器，每个解析器将解析的数据再交由其他模块进行处理，处理的结果存放在同一个数据结构中，当所有文档都解析完成后，再由结构生成器输出模式。

（3）出于对大型 XML 文档处理的考虑，本算法和 XStruct 一样建议采用类 SAX 的解析器对文档进行遍历。由于本算法是在 .NET

平台下实现的，所以采用的是 XmlReader 解析器[①]。解析器所解析的数据将分别进入属性提取、数据类型识别和子元素提取模块。这3 个模块都将比对 XmlReader 所解析的信息和已记录的信息，并对记录进行更新。完成整个文档的解析后，结构生成模块，将会根据所记录的树状内容模型生成 XML Schema 文件。

（4）在元素内容模型中，引入对子元素是否有序的判断。如果子元素有序，则为其建立顺序表维护其出现顺序；如果不是有序的，则只记录子元素标签，而不维护其顺序。这在一定程度上，简化了存储的数据结构的复杂度，降低了内存的使用量。

二　基于集合/序列的元素内容模型

在实际使用中，根据所存储内容的不同，半结构化数据可以分为以数据为中心和以文档为中心两个类型。SOAP 和 WSDL 都是典型的以数据为中心的半结构化数据，而 ODF 和 OOXML 则是以文档为中心的半结构化数据的代表。两者最大的区别在于，前者的元素内容模型多是无序的，类似在关系型数据库中，字段之间并没必然的先后关系；而后者的元素内容模型基本都是有序的，如在 Word文档中，内容之间遵循严格的出现次序。

在定义 4—2 中，参考文献 ［34］ 中对半结构化数据的元素内容模型给出了半结构化定义。但是，尽管该定义对元素内容模型中的因子项区分为顺序项和选择项，但是在后续的处理中并没有将是否有序进行区分处理。因此，在 XTree 算法中，对半结构化数据的元素内容模型进行重新定义，并凸显顺序性的重要性。

定义 4—4　基于集合/序列的半结构化数据的元素内容模型

---

① MSDN. XmlReader Class ［EB/OL］. Available at：http：//msdn. microsoft. com/en － us/library/system. xml. xmlreader （v = vs. 80） . aspx.

$$E?f(S,A,seq) = \begin{cases} (s_i^{<min,max>} \cdots s_j^{<min,max>}) , seq = true \\ (s_1^{<min,max>} , \cdots , s_n^{<min,max>}) , seq = false \end{cases}$$，其中：

- s 是该元素的子元素的符号，一般是其名称或者标签。min 定义子元素所出现的最小次数，$min \in \{0,1\}$。max 定义子元素所出现的最大次数，$max \geq 1$。

- seq 定义子元素的排列是否有序，$seq \in \{true, false\}$。如果 $seq = true$，那么 E 是有序的，其子元素是一个序列。如果 $seq = false$，那么 E 是无序的，其子元素是一个无序的集合。

- S 表示该元素所有子元素的符号集合，$S = \{s_1^{<min,max>}, \cdots, s_n^{<min,max>}\}$。

- A 表示子元素的序列，其只在 $seq = true$，即子元素排列有序的情况下才有效，$A := (s_i^{<min,max>} \cdots s_j^{<min,max>})$。$i, \cdots, j \in \{1, n\}$。对于 A 中的任意元素 s，有且仅有一个 $s^{<min,max>} \in S$。且 $i \neq j$，$s_i^{<min,max>} \neq s_j^{<min,max>}$。

- 排序函数 f，根据 seq 的值，将 S 转化为序列或集合。如果 $seq = true$，那么 E 是 A ——该元素子元素的序列。如果 $seq = false$，那么 E 是 S ——是该元素所有子元素的符号集合，其是无序的。

定义 4—4 和 4—3 最大的区别在于，加入了对元素内容模型是否有序的判断，如果有序则维护模型中子元素的顺序表，否则只记录子元素的信息，而不记录其顺序，这也是 XTree 算法改进的理论基础。

三 XTree 的数据结构

上文提到，XTree 算法在 XStruct 的基础上进行改进，使提取模式所花费的时间和消耗的内存更少，所以改进的关键就是存储元素内容模型的数据结构。在 XTree 算法中，定义了一个名为 XmlExplorer 的数据结构，用以存储元素内容模型。XmlExplorer 所保存的元素的信息又被存储在名为 XmlElement 的数据结构中，其可以分为两部分：一部分是元素的基本信息——名称、属性、数据类型等；另一部分是元素的子元素信息——子元素集合、子元素顺序表等。图 4—5，是 XmlElement 的类图。

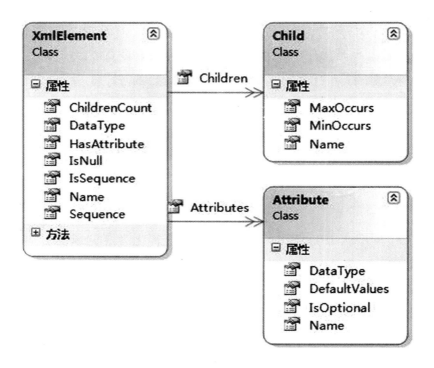

图 4—5　XmlElement 的类图

根据基于集合/序列的半结构化数据的元素内容模型的形式化定义 4—4，可以看出 XmlElement 的类图包含了定义 4—4 中的所有必要信息。

（1）IsSequence：子元素的排列是否有序—— *seq* 。

（2）Children：子元素符号的集合—— *S* 。

（3）Sequence：子元素序列—— *A* 。

（4）Child：子元素——$s^{<min,max>}$。其中，Name 是子元素的符号——s，MinOccurs 是子元素的最小出现次数——min，MaxOccurs 是子元素的最大出现次数——max。

XmlExplorer 的实质，就是记录 XML 中每种元素 XmlElement 信息的字典表（Dictionary）。字典表在功能上类似哈希表（Hash Table），但是在本研究中，经测试证明，本算法使用字典表的性能要优于哈希表。关于字典表和哈希表的区别和性能上的优劣，不是本书讨论的重点，在此仅简要说明 XTree 算法使用字典表主要是出于以下原因。

（1）在处理大规模数据时，无论是采用字典表还是哈希表，都不可避免地会出现扩容现象，而前者的扩容消耗公认是远小于后者的。

（2）哈希表所存储的元素属于 Object 类型，其在存储或检索值类型时会发生装箱和拆箱操作。而在 XTree 算法中，所有需要存储的信息，其键（Key）和值（Value）都是固定类型，采用字典表存储时，无须进行装箱和拆箱操作，因此在性能上更优。

XTree 算法在对 XML 文档进行遍历的过程中，XmlExplorer 也在同步地存储内容。图 4—6 显示了 XTree 算法是如何利用 XmlExplorer 存储一个 XML 文档的结构。

（1）IsSequence 定义该元素的子元素是否有序。

（2）Sequence 是一个顺序表，记录子元素的顺序，此表只在 IsSequence 为 true 时，才对其进行维护。

（3）Children 是一个字典表，记录每种子元素的名称和出现次数。

在生成 XML Schema 的过程中，如果该元素的 IsSequence 为 true，则按照 Sequence 中的顺序，依次从 Children 中获取该子元素的信息，生成子元素的序列。如果 IsSequence 为 false，则直接遍历

Children 中的子元素的信息，生成集合。在接下来的章节中，还会具体讨论此内容。

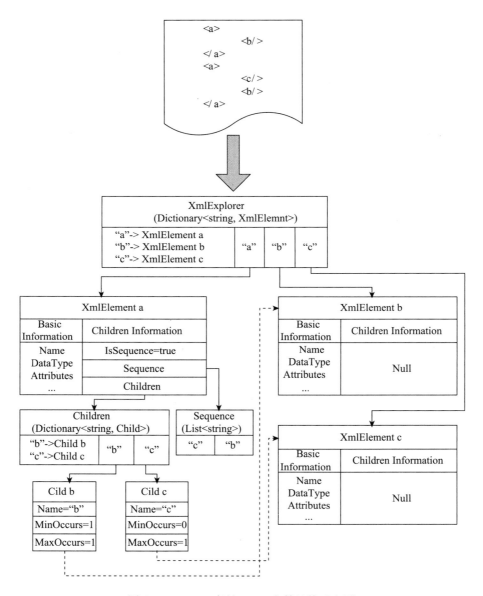

图4—6 XTree 存储 XML 文档结构示意图

根据图 4—6，可以看出 XTree 算法最大的优点就是并不存储元素所出现的不同的内容模型，而只是存储和维护该元素的子元素集合以及其出现的顺序。因为，在实际使用中，元素的子元素都是按照一定的顺序出现，如果有不同的出现次序，那么其子元素的出现顺序就可以被认定是无序的。这样，可以极大地削减算法对时间和内存的消耗。

四　提取元素内容模型

在 XTree 算法中，通过 XML 解析器解析得到每个元素的子元素信息，存储在元素内容模型的数据结构 XmlExplorer 中。XTree 将所得的子元素序列与已有的元素内容模型进行比对，并更新元素内容模型，主要操作如算法 4—1 所示。

算法 4—1 提取元素内容模型

输入：解析器所得的元素的名称 elementName：string，以及它的子元素序列 SubElement：Dictionary < string，int >，其中包含了每个子元素的名称 name：string（字典表的键）和出现次数 occurs：int（字典表的值）

输出：元素内容模型的集合 Structure：Dictionary < string，XmlElement >，其中键是该元素的名称，值是其元素内容模型

1. if Structure 中不包含键为 elementName 的项//即 Structure 中尚未存储该元素的内容模型

1）令 element = new XmlElement ｛IsSquence = true，Name = elementName，Sequence = SubElement. Keys｝//建立该元素的内容模型，并将 Sequence 设置为 SubElement 的顺序，将该模型初始为有序的，IsSquence 设置为 true

2）foreach e in SubElement//将 SubElement 中的元素添加到 Children 中，且每个元素的 MinOccurs 为 1，MaxOccurs 为 occurs

3）element. Children. Add（new Child｛Name = name，MinOccurs = 1，MaxOccurs = occurs｝）

2. else if Structure 中包含键为 elementName 的项//即 Structure 中已存在该元素的内容模型

1）令 element = Structure［elementName］

2）foreach e in element. Children//将 element. Children 中未出现在 SubElement 中的子元素的 MinOccurs 置为 0

3. if！SubElement. Contains（e. Name）

1）e. MinOccurs = 0

2）foreach e in SubElement//将 SubElement 中未出现在 Children 里的元素添加到 Children 中，且新增的元素的 MinOccurs 为 0，MaxOccurs 为 occurs。对于在 SubElement 和 element. Children 中都出现的元素，将其 MaxOccurs 设置为 Occurs 和 MaxOccurs 中的最大值

4. if！element. Children. Contains（e. name）

1）element. Children. Add（new Child｛Name = e. name，MinOccurs = 0，MaxOccurs = e. occurs｝）

5. else

1）element. Children［e. name］. MaxOccurs = Max（element. Children［e. Name］. MaxOccurs，e. occurs）

6. if element. IsSquence = true//即原模型为有序的

1）判断 SubElement 中元素的顺序是否和模型中 element. Sequence 的顺序一致

7. if 顺序不一致

1）element. IsSquence = false

8. else if 顺序一致，且 SubElement 中存在 element. Sequence 中不曾出现的元素，

1）根据其在 SubElement 中的位置，插入 element. Sequence

从算法4—1可以看出，XTree算法实际上把对一个元素内容模型的提取过程和对已有元素内容模型的因子处理过程合并，这不仅减少了算法的时间复杂度，也缩减了空间复杂度。在对 XML 文档模式信息的提取过程中，XTree 算法对每个节点都以深度优先的方式，递归调用算法4—1，对每个后裔节点提取元素内容模型，这样得到该文档的模式信息是综合所有节点的内容模型后生成的，确保不会遗漏任何节点。

五　识别数据类型

在半结构化数据中，无论是元素还是属性的值，都是具有数据类型的。XTree 对数据类型的处理，是基于 XStruct 算法的，也是将数据类型分为 7 类：String、Boolean、Decimal、Integer、Double、Date 和 Time。其中，String 为默认的数据类型。数据类型的识别过程，是基于正则表达式的。

在数据类型识别模块中，每识别一个对象（元素或属性的值）的数据类型后，都会将当前的数据类型和已有的数据类型进行比较，并重新评估该对象的数据类型，其基本步骤如下。

（1）如果当前的数据类型和已有的数据类型相同，那么不更新该对象的数据类型。

（2）如果当前的数据类型和已有的数据类型不符，那么根据图4—7寻找下一个满足要求的数据类型，并对该对象的数据类型进行更新。

图4—7中，箭头所指向的是该类型的正则表达式无法满足时，可能成为的其他类型。实线表示严格的继承关系，在图中表现为，所有其他类型都继承自 String 类型。虚线则表示，该类型和其他关系可能存在的继承关系。在 XTree 中，每个值进行第一次识别时，会使用除 String 之外的所有类型的正则表达式进行匹配，如果都不

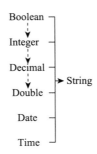

图 4—7　数据类型识别原理图

匹配，则为 String 类型，否则为所匹配的类型。在以后的每次识别中，都要进行当前类型的匹配，如果不匹配，则按虚线匹配下一类型，如果没有虚线所连接的类型，则为 String 类型。已经匹配为 String 类型的值，不再进行识别。

例如，在第一次识别时，值为"true"，匹配为 Boolean 类型。第二次识别时，值为"trueman"，判定为 String 类型，且此后不再对其进行识别。又例如，在第一次识别时，值为"1"，匹配为 Boolean 类型。第二次识别时，值为"10"，判定为 Integer 类型。第三次识别时，值为"10A"，不匹配 Decimal 和 Double 类型，因此判定为 String 类型。

虽然在 XML Schema 的规范中，提供了 44 种数据类型，但是 XTree 所选择的 7 种数据类型应该可以满足实际生活中的大部分需要。而且，所能识别的数据类型也易于扩展。

六　提取属性

提取元素的属性集合较为简单，在 XML 的规范中，元素中的每个属性最多只能出现一次，且元素的出现没有次序之分。唯一需要判断的，就是属性是可选的（Optional）还是强制的（Mandatory），即该元素是否在其父元素中的每个内容模型中出现。属性提取的方法，类似于内容模型的提取，只是过程更为简单。通过 XML 解析器，可以获得所出现的每个元素的属性列表。如果一个属性在该元素之前的出现中都存在，那么该属性就是强制的。如果该属性有一次未和该元素一起出现，那么它就是可选的。此外，对于属性数据类型的识别，也是调用数据类型识别模块的方法。

七　输出模式

在 XTree 算法中，所输出的模式的最终格式为 XSD 文件。由于在元素内容模型中添加了对元素顺序是否有序的判断，因此，XTree 生成 XSD 文件的算法有特别之处。如果元素内容模型是有序，那么其生成 XSD 文件的过程与 XStruct 等基于正则表达式的方法没有实质区别。如果元素内容模型是无序的，那么该元素的 XSD 将以 "choice" 的形式输出。在下一节中，我们将通过实验给出具体的输出结果。

第四节　实证研究

本节将对 XTree 的准确性和性能进行分析，主要通过所输入 XML 文档大小的不同，分析 XTree 算法所消耗的时间和占用的内存的差异，并将结果同 XStruct 算法进行比较。同时，使用 XMLSpy 验证所生成 XSD 文件的有效性。这里需要说明的是，XStruct 是在 Java 平台上实现的，为了提高实验数据的准确性和可靠性，我们将 XStruct 的代码移植到 .NET 平台中，与 XTree 算法进行比较。此外，虽然 XStruct 支持多文件输入，但是由于多文件是以串行的形式进行解析，其对性能的影响与单个文件没有太大差异，所以本节不分析输入多文件时的性能。分析主要从 3 个方面考察：输入文件大小、元素和属性数量，以及深度不同的文件，所消耗的时间、占用的内存以及所生成的模式是否有效。

一 XTree 的算法的时间和空间复杂度分析

根据 XTree 和 XStruct 算法的定义，可以看出它们的共同点，是都是采用遍历 XML 文档树状结构的方式，提取每个节点的元素内容模型。但是其不同点在于，XStruct 算法对每个不同的元素内容模型都进行存储，并在遍历完整个树状结构后，再对所存储的模型进行合并。因此，若一个元素有 n 个不同的元素内容模型，使用 XStruct 算法提取其元素内容模型的时间复杂度和空间复杂度均为 $O(n)$。而 XTree 算法对每个节点都只存储一个元素内容模型，每次所解析的模型都和已有模型进行比较，并根据比较结果更新现有模型。因此，若一个元素有 n 个不同的元素内容模型，则使用 XTree 算法提取其元素内容模型的时间复杂度和空间复杂度均为 $O(1)$。归纳而言，XStruct 算法对节点的每个不同元素模型都进行存储，并将所存储的所有内容模型进行比较，最终合并得到节点的内容模型；而 XTree 算法只存储当前所提取的最能体现该节点的元素内容模型。因此，可以得到定理 4—1 和 4—2：

定理 4—1 若一个元素有 n 个不同的元素内容模型，则使用 XTree 算法提取其元素内容模型的时间复杂度和空间复杂度分别为：

$$T_{EMC}(n) = O(1),$$

$$S_{EMC}(n) = O(1);$$

使用 XStruct 算法提取其元素内容模型的时间复杂度和空间复杂度分别为：

$$T_{EMC}(n) = O(n),$$

$$S_{EMC}(n) = O(n)。$$

定理 4—2 若一个 XML 文档的树状结构中有 n 个节点，且每个节点不相同的元素内容模型的数量的期望为 E，则使用 XTree 算法提取其模式的时间复杂度和空间复杂度分别为：

$$T(n) = T_{Traver}(n) + nT_{EMC}(E) = O(n) + nO(1)，$$

$$S(n) = nS_{EMC}(E) = nO(1)，$$

其中 $T_{Traver}(n)$ 为遍历整个文档树的时间复杂度，下同；

使用 XStruct 算法提取其模式的时间复杂度和空间复杂度分别为：

$$T(n) = T_{Traver}(n) + nT_{EMC}(E) = O(n) + nO(E)，$$

$$S(n) = nS_{EMC}(E) = nO(E)。$$

实际上，根据 XTree 和 XStruct 算法的定义，这两种算法在遍历树状文档过程中的时间复杂度并不会相差太多，它们在时间和空间复杂度上的区别主要还是体现在对元素的不同内容模型的处理上。

二　元素内容模型的有序性判断对模式准确性的影响

在对 XTree 算法的介绍中，一直强调对元素内容模型有序性判断的重要性，而且这也是该算法最为显著的改进之处。通过例 4—2，我们可以很容易地看出加入有序性的判断对模式的准确性有着重要的作用。

例 4—2　在图 4—8 中的两个 XML 文档片段，在设计时元素 a、b、c 的组合是无序的，属于同一类文档集。

在图 4—9 中，是使用 XStruct 算法对图 4—5 中的第一个文档提取获得的 XSD 的片段，但是第二个文档却无法通过此 XSD 的模型验证。

在图 4—10 中，是 XTree 算法对图 4—8 中的第一个 XML 文档片段提取的 XSD 片段，第二个 XML 文档片段也可以通过其验证。

从实验的结果中可以看出，XTree 算法由于在提取元素内容模型的过程中，加入了对子元素是否有序的判断，所以和 XStruct 算法相比，其在简洁性和准确性上，都有更好的表现。

```
<item>                    <item>
    <a/>                      <a/>
    <b/>                      <b/>
    <c/>                      <c/>
</item>                   </item>
<item>                    <item>
    <c/>                      <c/>
    <b/>                      <a/>
</item>                   </item>
<item>                    <item>
    <b/>                      <b/>
    <c/>                      <c/>
</item>                   </item>
```

图 4—8　XML 文档片段

```
<xsd:element name="item">
    <xsd:complexType>
        <xsd:choice>
            <xsd:sequence>
                <xsd:sequence>
                    <xsd:element ref="a"/>
                    <xsd:element ref="b"/>
                    <xsd:element ref="c"/>
                </xsd:sequence>
            </xsd:sequence>
            <xsd:sequence>
                <xsd:sequence>
                    <xsd:element ref="c"/>
                    <xsd:element ref="b"/>
                </xsd:sequence>
            </xsd:sequence>
            <xsd:sequence>
                <xsd:sequence>
                    <xsd:element ref="b"/>
                    <xsd:element ref="c"/>
                </xsd:sequence>
            </xsd:sequence>
        </xsd:choice>
    </xsd:complexType>
</xsd:element>
```

图 4—9　XStruct 算法所提取的 XSD 片段

```
<xs:element name="text">
  <xs:complexType>
    <xs:sequence>
      <xs:element name="item" minOccurs="1" maxOccurs="3">
        <xs:complexType>
          <xs:choice minOccurs="1" maxOccurs="unbounded">
            <xs:element name="a" minOccurs="0" maxOccurs="1" />
            <xs:element name="b" minOccurs="1" maxOccurs="1" />
            <xs:element name="c" minOccurs="1" maxOccurs="1" />
          </xs:choice>
        </xs:complexType>
      </xs:element>
    </xs:sequence>
  </xs:complexType>
</xs:element>
```

图 4—10　XTree 算法所提取的 XSD 片段

三　实验环境及测试工具

本节以及本书所有实验都是在以下环境中进行测试的，后文将不再赘述。

（1）CPU：Intel（R）Core（TM）2 Duo CPU T7250 2.00GHz

（2）RAM：4.00GB

（3）OS：Windows 7（64bit）

（4）.NET Framework：4.0

本节实验所用到的主要工具有：

（1）XMLSpy：是 Altova 开发的 XML 编辑器，在本节的实验中主要用于验证所提取模式的正确性。

（2）Process Explorer①：是 Sysinternals 开发的 Windows 系统和应用程序监视工具，目前已并入微软。在本节的实验中，主要用于监测 XTree（以及 XStruct）算法在提取模式的过程中，所占用的内存。具体方法是，使用 Process Explorer 记录算法运行过程中内存占用的峰值。

---

① Windows Sysinternals. Process Explorer［EB/OL］. http：//technet. microsoft. com/zh - cn/sys-internals/bb896653. aspx.

（3）XTree 和 XStruct 算法，本身都带有计时功能，可以记录模式提取的起止时间，获得提取过程所消耗的时间。

四　测试数据集

本节以及本书试验所用到的测试数据均来自 XML Data Repository[①] 和 DBLP（DataBase systems and Logic Programming）[②]。其中：

（1）XMLData Repository，是由华盛顿大学数据库研究小组（Database Research Group，University of Washington）所发布的公用数据集，这些数据集是 XML 格式，并且对每个数据集都提供了准确的统计信息。XML Data Repository 提供的这些公用数据集，主要是提供给研究者进行实验。这些数据集的大小从 KB 级到 GB 级，涵盖了许多领域具有代表性的数据，许多有关 XML 以及半结构化数据的研究中，都是用其作为实验数据。例如，在参考文献［40］中的实验所用到的部分数据就是来自 XML Data Repository。

（2）DBLP（Digital Bibliography & Library Project），是由德国特里尔大学开发和维护的项目，用于提供计算机领域科学文献的搜索服务，但是只存储文献的相关元数据，并不提供全文。目前，该项目所存储的数据已经超过了 220 万条。其最大的特点就是没有数据库，而是使用 XML 的方式进行存储。因此，许多关于 XML，尤其是大型 XML 数据的研究，都使用 DBLP 作为数据源。例如，参考文献［80］就是采用 DBLP 作为测试数据集。

表 4—1，显示了本书实验所用到的所有 XML 文档的详细信息，包括文件大小、元素个数、属性个数、文档树的最大深度和平均深度。在表 4—1 中，dblp（new）是来自 DBLP 的公开数据，其余数

---

① Gerome Miklau. XML Data Repository [EB/OL]. Available at：http：//www.cs.washington.edu/research/xmldatasets/.

② The DBLP Computer Science Bibliography. DBLP ［EB/OL］. Available at：http：//www.informatik.uni－trier.de/~ley/db/.

据均来自 XML Data Repository 所提供的测试数据。

表 4—1 　　　　　　　　　**测试所用 XML 文档的详细信息**

文件名	文件大小	元素个数	属性个数	最大深度	平均深度
nation	4.47K	126	1	3	2.78571
ubid	19.8K	342	0	5	3.76608
321gone	23.9K	311	0	5	3.76527
yahoo	24.8K	342	0	5	3.76608
supplier	28.5K	801	1	3	2.87266
ebay	34.7K	156	0	5	3.75641
reed	277K	10546	0	4	3.19979
SigmodRecord	467K	11526	3737	6	5.14107
customer	503K	13501	1	3	2.88875
part	603K	20001	1	3	2.8999
wsu	1.57M	74557	0	4	3.15787
mondial-3.0	1.7M	22423	47423	5	3.59274
partsupp	2.13M	48001	1	3	2.8333
uwm	2.22M	66729	6	5	3.95243
orders	5.12M	150001	1	3	2.89999
nasa	23.8M	476646	56317	8	5.58314
lineitem	30.7M	1022976	1	3	2.94117
treebank_e	82M	2437666	1	36	7.87279
SwissProt	109M	2977031	2189859	5	3.55671
dblp	127M	3332130	404276	6	2.90228
psd7003	683M	21305818	1290647	7	5.15147
dblp（new）	991M	24032673	6102230	6	2.90228

以下是表4—1中数据集的详细介绍：

（1） region, nation, supplier, customer, part, partsupp, orders，lineitem：是事务处理性能委员会（Transaction Processing Performance Council，TPC）[①]，对服务商关系数据库的 TPC－H[②]（商业智能计算测试）基准测试数据，许多数据库厂商都以此数据来测试产品的性能，如 Oracle 等。

（2）ubid，321gone，yahoo，ebay：是来自网络的拍卖数据，由伊利诺伊州大学的 AnHai Doan 提供。

（3）reed，uwm，wsu：都是来自大学网站的课程数据，reed 为里德学院，uwm 为威斯康星大学密尔沃基分校，wsu 为华盛顿州立大学，这些数据也是由伊利诺伊州大学的 AnHai Doan 提供。

（4）SigmodRecord：是 ACM SIGMOD（国际计算机学会数据管理专业委员会）所记录的文章索引[③]。

（5）mondial－3.0：是世界地理数据库，它集成了来自 CIA（Central Intelligence Agency，中央情报局）的世界各国概况，TERRA 卫星数据库以及其他数据库中的数据。

（6）nasa：是美国国家航空航天局所公开的数据集。

（7）treebank＿e：是宾夕法尼亚大学书库项目（University of Pennsylvania Treebank Project）[④] 提供的一组测试数据，它是根据《华尔街日报》的文本所生成的英语句法树，由于它的深度较高，所以经常被用于测试深度优先遍历树状结构的实验环境中。

（8）SwissProt：是致力于提供高水平表达力的蛋白质序列数据库，和其他数据库相比，其具有低冗余、高集成的特点。

---

① TPC. Transaction Processing Performance Council. ［EB/OL］. Available at：http：//www.tpc.org/tpch/.

② TPC. Transaction Processing Performance Council. ［EB/OL］. Available at：http：//www.tpc.org/tpch/.

③ Araneus. ACM SIGMOD Record：XML Version. ［EB/OL］. Available at：http：//www.dia.uniroma3.it/Araneus/Sigmod/.

④ Treebank. The Penn Treebank Project ［EB/OL］. Available at：http：//www.cis.upenn.edu/~treebank/.

（9）dblp：是 XML Data Repository 中提供的 2002 年 10 月份的 DBLP 数据。

（10）psd7003：来自乔治敦蛋白质信息资源（Geogetown Protein Information Resource）[①] 的蛋白质序列数据库，综合记录了蛋白质序列的功能。

（11）dblp（new）：是 DBLP 网站所公布的 2012 年的数据。

需要说明的是，在表 4—1 中 SwissProt 和 psd7003 是典型的生物大数据，由于其保存的信息是蛋白质序列，因此其元素内容模型均为有序的。

五　提取不同文档的模式的时间和内存消耗以及准确性

本小节的实验，是使用 XTree 和 XStruct 对多个大小不同、元素和属性数量不同以及深度不同的 XML 文档提取模式，并将使用 XMLSpy 对提取的模式进行验证。实验所用到的数据集，从大小上基本覆盖了 1GB 以内的所有数量级。值得注意的是，本次实验都是使用单个文件作为输入。表 4—2，是分别使用 XTree 和 XStruct 算法对表 4—1 中的 XML 文档提取 XSD 所花费的时间和占用的内存，以及使用 XMLSpy 验证所得 XSD 的结果。

表 4—2　　　　　　**XTree 和 XStruct 提取模式的性能对比**

文件名	时间消耗		内存消耗		结果的正确性	
	XStruct	XTree	XStruct	XTree	XStruct	XTree
region	0.30s	0.05s	4.65MB	2.21MB	TRUE	TRUE
nation	0.34s	0.06s	4.74MB	2.33MB	TRUE	TRUE
ubid	0.27s	0.07s	5.01MB	2.53MB	TRUE	TRUE

---

① PIR. Protein Information Resource［EB/OL］. Available at：http：//pir. georgetown. edu/.

文件名	时间消耗		内存消耗		结果的正确性	
	XStruct	XTree	XStruct	XTree	XStruct	XTree
321gone	0.28s	0.09s	5.03MB	2.54MB	TRUE	TRUE
yahoo	0.34s	0.09s	4.99MB	2.51MB	TRUE	TRUE
supplier	0.32s	0.08s	5.00MB	2.74MB	TRUE	TRUE
ebay	0.31s	0.07s	5.11MB	2.36MB	TRUE	TRUE
reed	0.39s	0.18s	5.39MB	2.95MB	TRUE	TRUE
SigmodRecord	0.53s	0.18s	5.50MB	3.19MB	TRUE	TRUE
customer	0.45s	0.19s	5.54MB	3.08MB	TRUE	TRUE
part	0.48s	0.36s	5.45MB	3.17MB	TRUE	TRUE
wsu	0.82s	0.61s	5.52MB	3.05MB	TRUE	TRUE
mondial-3.0	0.97s	0.54s	9.52MB	3.18MB	FALSE	TRUE
partsupp	0.71s	0.58s	5.54MB	3.29MB	TRUE	TRUE
uwm	0.96s	0.72s	5.63MB	3.06MB	FALSE	TRUE
orders	1.55s	1.02s	5.91MB	3.07MB	TRUE	TRUE
nasa	6.00s	5.36s	8.49MB	3.22MB	FALSE	TRUE
lineitem	7.71s	6.59s	6.27MB	3.38MB	TRUE	TRUE
treebank_e	595.37s	46.76s	2040.05MB	4.00MB	FALSE	TRUE
SwissProt	/	24.46s	/	3.50MB	FALSE	TRUE
dblp	57.57s	22.73s	133.74MB	3.49MB	FALSE	TRUE
psd7003	268.73s	191.15s	137.16MB	3.50MB	FALSE	TRUE
dblp（new）	336.42s	148.60s	183.39MB	3.59MB	FALSE	TRUE

从测试结果可以看出：

（1）由于 XTree 算法只记录元素的子元素集合，而 XStruct 算法要记录每种元素所有不同的内容模型，所以 XTree 的时间和内存消耗都显著低于 XStruct，这也符合定理 4—1 和 4—2。在表 4—2 中，文件大小从 nation 到 dblp 约增加了 25 万倍，而 XTree 算法内存消耗只增加了约50%，这是因为，无论文件多大，XTree算法在遍历文档树的过程中，只存储节点最符合当前结构的元素内容模型。这和文件大小无关，而和结构的复杂度有关。

（2）XStruct算法对时间和内存的消耗不仅和输入文件的大小有关，还与元素个数、属性个数有关。尤为重要的是，还和XML文档的元素深度有关，而XTree算法在深度增加的情况下，对时间和内存的消耗并没有显著的变化，如表4—2中对treebank_e的测试结果。这是因为，文档树的平均深度越大，每个节点所包含的子节点就越多，每个元素内容模型就越复杂，提取时消耗的时间和占用的内存也就越多。

（3）在XML文档的元素的子元素个数较多，且出现次数极为无序的情况下，也就意味着不同的元素内容模型就更多，因此XStruct所解析得到的元素内容模型的数量就会很大，其解析模型的过程也会相当漫长。如表4—2中对测试数据SwissProt的解析，在实验过程中，经监测发现，XStruct对"Entity"元素提取得到了33326种不同的内容模型，且运行时间超过1个小时仍没有得到XSD。而XTree由于引入对元素的子元素排列是否有序的判断，且不记录所有出现的不相同的子元素序列，因此不会出现这种情况。

图4—11　子元素无序的XML文档片段

（4）在表 4—2 中，使用 XMLSpy 对两种算法的解析结果进行检验，XTree 的解析结果全部可以通过验证，但是 XStruct 有一部分结果无法通过验证。其原因就是其对所有无序的子元素排列结果进行列举，其中出现了重叠的排列结果。如 XStruct 对图 4—11 的 XML 进行解析，得到"item"元素的结构（如图 4—12），其子元素的结构明显有重叠部分，无法通过 XMLSpy 的验证。

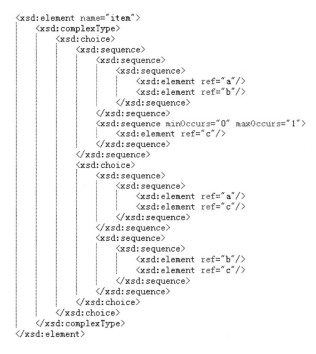

```
<xsd:element name="item">
    <xsd:complexType>
        <xsd:choice>
            <xsd:sequence>
                <xsd:sequence>
                    <xsd:sequence>
                        <xsd:element ref="a"/>
                        <xsd:element ref="b"/>
                    </xsd:sequence>
                </xsd:sequence>
                <xsd:sequence minOccurs="0" maxOccurs="1">
                    <xsd:element ref="c"/>
                </xsd:sequence>
            </xsd:sequence>
            <xsd:choice>
                <xsd:sequence>
                    <xsd:sequence>
                        <xsd:element ref="a"/>
                        <xsd:element ref="c"/>
                    </xsd:sequence>
                </xsd:sequence>
                <xsd:sequence>
                    <xsd:sequence>
                        <xsd:element ref="b"/>
                        <xsd:element ref="c"/>
                    </xsd:sequence>
                </xsd:sequence>
            </xsd:choice>
        </xsd:choice>
    </xsd:complexType>
</xsd:element>
```

图 4—12　XStruct 算法提取的有重叠部分的 XSD 片段

（5）虽然表 4—2 所呈现的测试结果显示 XTree 算法与 XStruct 算法相比具有更好的性能，但是其无法准确地提取元素内容为有序的半结构化数据集的模式信息。例如，SwissProt 和 psd7003 是记录蛋白质序列的数据集，其元素内容模型是有序的，且具有数量较大的不同序列的内容模型。因此，XStruct 算法在处理每个不同的内容模型过程中消耗了大量的时间和内存，但是却可以准确地提取出数据集的模式。而 XTree 算法由于没有记录所有不同序列的内容模型，因此无法准确地提取此类数据集的模式。

```
<xs:element name="item">
  <xs:complexType>
    <xs:sequence>
      <xs:element ref="a" minOccurs="0" maxOccurs="1" />
      <xs:element ref="b" minOccurs="0" maxOccurs="1" />
      <xs:element ref="c" minOccurs="0" maxOccurs="1" />
    </xs:sequence>
  </xs:complexType>
</xs:element>
```

图 4—13　XTree 算法提取的有效的 XSD 片段

将图 4—12 中的模式用正则表达式可以表示为，$(abc*)|((ac)|(bc))$。显然，该正则表达式不符合 SORE 的定义。而 XTree 所提取的模式（如图 4—13），则符合 SORE 的定义，可表示为 $a*b*c*$，而且可以通过 XMLSpy 的验证。

六　XTree 算法提取同结构的不同大小的数据模式的时间消耗

本小节的实验，是分别使用 XTree 和 XStruct 算法，对不同大小的文档进行解析所耗费的时间。参考文献 ［34］ 中的实验所用的测试文档虽然大小不同，但是上文已提到过，解析过程对时间和内存的消耗不仅取决于文档大小，还和文档自身结构的复杂程度有关。因此，下列实验所用测试文档的结构是相同的，都是基于 DBLP 文档结构模型。由于在实验中发现，对于结构相同的大小不同的文档，所解析花费的内存差异不大，所以本次实验所考察的主要是对时间的消耗，对内存的消耗并不是本次实验所考察的内容。值得注意的是，本次实验的输入数据也是单个 XML 文档。

表 4—3，显示了输入不同大小但都符合 DBLP 结构的文档，XTree 和 XStruct 算法提取模式所花费的时间。

表4—3　　　　　　　XTree 和 XStruct 提取模式的时间消耗

文件大小	时间消耗	
	XStruct	XTree
131MB	60.37s	22.11s
262MB	100.41s	43.48s
393MB	127.55s	59.27s
524MB	165.67s	79.15s
786MB	238.61s	113.3s
990MB	342.98s	141.71s
1.40GB	363.06s	197.6s
2.17GB	539.04s	320.89s
3.07GB	883.11s	438.48s
4.73GB	1363.91s	676.8s

图4—14，是本实验结果的线性图。从图中，我们可以看出，随着输入文件大小的增加，XTree 算法提取模式所花费的时间明显优于 XStruct 算法。主要原因是，根据定理 4—1 和 4—2，XTree 和 XStruct 算法相比，其只存储一个最符合已有结构的元素内容模型，而 XStruct 算法虽然在遍历过程中提取元素内容模型的时间和 XTree 是在一个数量级上，但是其存储了所有不同的内容模型，最终需要花费大量时间将这些不同的内容模型合并。

第五节　小结

本章介绍了半结构化数据的结构模型，指出提取半结构化数据模式的理论基础是元素内容模型，并给出了形式化定义。此外，根

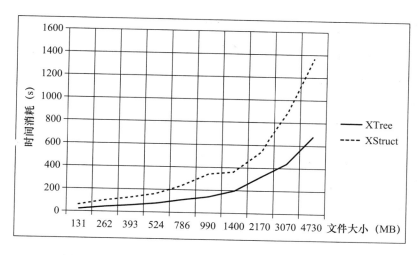

图 4—14　XTree 和 XStruct 提取模式的时间消耗对比图

据相关研究成果，提出了提取大规模半结构化数据模式的 6 项质量标准。

　　根据元素内容模型，目前很多研究已经提出了行之有效的提取半结构化数据模式的方法，其中大部分都是基于正则表达式的，其中最具代表性的是从 XML 文档提取 XSD 的 XStruct 算法。但是，该算法在多文档处理时的效率、时间和内存消耗以及正确性上存在缺陷。

　　针对现有模式提取方法的不足之处，本研究提出了 XTree 算法，该算法可以快速、准确地并发提取多个大规模（GB 级）XML 文档的结构。该算法是在 XStruct 等已有算法基础上进行的改进。和其他基于正则表达式的算法最显著的区别在于，XTree 对于元素内容模型的提取加入了对元素内容模型是否有序的区分。经实验分析证明，该算法所得结果具有符合提取大规模半结构化数据模式的 6 项质量标准。此外，实验结果还显示，XTree 比 XStruct 的运行速度更快，占用内存更少，所得结果的正确性更高。

　　虽然 XTree 算法在处理速率、时间和内存消耗等方面的表现，要优于传统的基于正则表达式的模式提取算法，但是这是以原半结构化数据的元素内容模型可以是无序的为前提。因此，本算法不适用于元素内容模型必须为有序的半结构化数据集，故具有一定的局限性。

在该算法的基础上，本书还将进行更深入的研究。在 XTree 算法提取模式的过程中，需要对半结构化数据文档树进行遍历，而半结构化数据的节点编码方案，也需要此过程。因此，本研究关于半结构化数据的节点编码方案，可以在 XTree 算法的遍历过程中加入节点编码算法，完成对整个文档树的节点编码，这将在第四章中体现出来。此外，XTree 算法在解析 XML 文档的过程中，将模式存储在简化的树状结构中。而当前许多路径索引算法的基础也是半结构化数据的文档树，因此可以在 XTree 算法的基础上，提出一个对大规模半结构化数据建立路径索引的方法，这也正是本书第四章和第五章将要介绍的内容。此外，根据 XTree 算法所提取的模式，使用者可以构建基于路径的查询表达式，在源数据中查询节点，具体内容将在第五章介绍。

第五章

半结构化数据的节点编码

目前，大规模半结构化数据一般以文档的形式单独存储，或者存放在关系型数据库或原生的 XML 数据库中。无论以何种方式进行存储，对半结构化数据中的节点进行编码，是对半结构化数据建立索引的基础，其不仅可以提高插入节点和压缩存储的效率，更重要的是可以提高查询的性能。

本章的主要内容，是研究大规模半结构化数据的节点编码方案：第一节将介绍半结构化数据节点编码的特点，定义半结构化数据节点编码的质量评价标准，对半结构化数据节点编码中具有代表性的基于区间和基于前缀的编码方案以及对本书产生重要影响的 ORDPATH 编码方案进行形式化定义并给出实例；第二节将介绍本书所提出的 D2 编码方案，分别通过静态和动态编码实例和第一节中所介绍的编码方案进行分析比较；第三节将介绍 D2 编码的二进制表示法，以及如何通过比较 D2 物理编码，获取两个节点在文档中的结构或位置关系；第四节将通过实证研究，验证 D2 编码的可行性，并和 ORDPATH 编码方案进行性能上的比较和分析；第五节将对本章进行小结。

第一节　半结构化数据节点编码的特点

一　半结构化数据节点编码的质量评价标准

对半结构化数据节点进行编码，就是为数据中每个节点分配一个唯一的编号，其意义在于不必访问源数据，仅通过编号就可以快速确定节点之间的结构关系。根据已有的研究，笔者认为一个高效的编码方案应具有以下特征。

（1）确定性[①]。仅通过比较编码，就可以判断节点间的结构关系。不同的编码，表示不同的节点。

（2）有序性。节点在文档中依次出现的顺序，应在编码中有所体现。

（3）可解析性。对编码的二进制串行化和反串行化过程应当简单易行。

（4）压缩性[②]。一般而言，整个半结构化文档或者其中的数据片段的编码作为其索引的一部分，是常驻内存中的，因此节点编码所占的空间大小应当尽量压缩。

（5）高效性。编码方案不应过于复杂，否则会导致编码过程浪费大量资源，影响编码效率。

（6）支持动态地插入、修改和删除节点等操作。[③] 在半结构化数据发生动态更新的时候，不用对任何已存在的节点进行重新编

---

① 汪陈应、袁晓洁、王鑫等：《BSC：一种高效的动态 XML 树编码方案》，《计算机科学》2008 年第 3 期。

② 同上。

③ H. Wang, S. Park, W. Fan, "Vist: A Dynamic Index Method for Querying Xml Data by Tree Structures", In: SIGMOD Conference, 2003, pp. 110 – 121.

· 76 ·

码，使其对已有编码的影响降到最低。

对于半结构化数据节点编码的研究，吸引了许多学者。早期的节点编码方案是静态的，只能对不发生变动的半结构化数据进行编码，不支持数据的动态更新。但是随着半结构化数据在越来越多的领域中被使用，静态的编码方案显然无法管理越来越多的动态半结构化数据，因此目前对节点编码的研究主要是动态的。接下来介绍了两种比较经典的编码方案：基于区间（region-based）的编码方案和基于前缀（prefix-based）的编码方案。

二　基于区间的节点编码方案

基于区间的节点编码方案，是根据半结构化数据中元素节点的文档序，为其赋予一个编码。早期的节点编码方案，大部分都是基于区间的。可以说，现在所有的节点编码方案都是从区间编码发展而来的。

基于区间的节点编码方案，最早出现在 Dietz 对于树状节点编码的研究中。[①] Dietz 将节点的编码定义为一个二元组：

定义 5—1　Dietz 编码方案

$< pre, post >$，假设 N 是半结构化数据节点（包括元素节点和属性节点）的集合，那么：

● 函数 pre：$\forall n \in N$，$pre(n)$ 表示节点 n 在数据集中，先序遍历的编号；

● 函数 $post$：$\forall n \in N$，$post(n)$ 表示节点 n 在数据集中，后序遍历的编号。

图 5—1，是使用 Dietz 对半结构化数据进行编码的结果。

为了考察编码方案的节点动态更新性能，本章讨论的所有编码

---

① Dietz P. F., "Maintaining Order in a Linked List", In: Proceeding of the 14th annual ACM Symposium on Theory of Computing. New York: ACM Press, 1982, pp. 122 – 127.

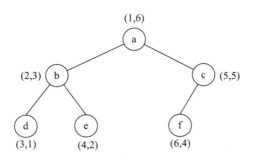

图5—1 Dietz 编码

方案的动态性时，都以图5—1中的半结构化数据为例，考虑以下3种插入情况。

（1）最左端插入：在节点 b 之前为节点 a 插入一个子节点 g。

（2）中间插入：在节点 b 和 c 之间为节点 a 插入两个子节点 h 和 i。

（3）最右端插入：在节点 f 之后为节点 c 插入一个子节点 j。

在某种编码方案中，在不改变已有节点编码的前提下，如果无法为新插入的节点分配编码，那么该插入节点的编码用"？"表示。图5—2，是插入节点之后 Dietz 的编码情况。可以看出，Dietz 是全静态编码，针对3种插入情况，它都无法进行编码。

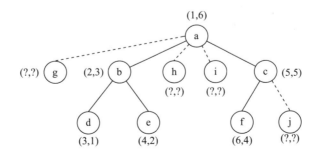

图5—2 插入节点后 Dietz 编码

张等人根据 Dietz 编码的原理，将其应用于 XML 文档树，并对节点编码进行改进，其编码规则遵循以下三元组的形式化定义[①]。

定义 5—2 Zhang 编码方案

$< start, end, level >$，假设 N 是半结构化数据节点（包括元素节点和属性节点）的集合，那么：

- 函数 $start$：$\forall n \in N$，$start(n)$ 表示节点 n 在数据集中，深度优先遍历中第一次被访问到，即在访问其所有子节点之前的次序；

- 函数 end：$\forall n \in N$，$end(n)$ 表示节点 n 在数据集中，深度优先遍历中第二次被访问到，即在访问其所有子节点之后的次序；

- 函数 $level$：$\forall n \in N$，$level(n)$ 表示节点 n 在数据集中的层级（或深度），其中根节点的深度为 0。

根据定义 5—2，可以很容易区分任意节点间的结构关系。对于节点 $u, v \in N$，当且仅当 $start(u) < start(v) < end(v) < end(u)$ 时，u 是 v 的祖先节点。在此基础上，当且仅当 $level(u) = level(v) - 1$ 时，u 是 v 的父节点。

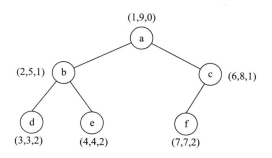

图 5—3 Zhang 编码

———

① Zhang C., Naughton J., De Witt D., "On Supporting Containment Queries In Relational Database Management Systems", In: Proceedings of the 2001 ACM SIGMOD International Conference on Management of Data. New York: ACM Press, 2001, pp. 425 – 436.

图 5—3，是使用 Zhang 编码的结果。从图中可以看出，由于叶节点只被访问一次，所以其 $start$ 函数值等于其 end 函数值。

图 5—4，是插入节点之后的 Zhang 编码情况。显然，和 Dietz 编码一样，Zhang 编码是全静态编码，针对三种插入情况，它都无法进行编码。

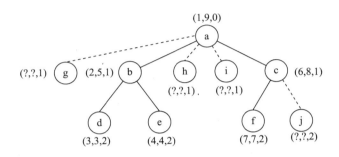

图 5—4 插入节点后 Zhang 编码

为了解决插入节点的编码问题，Li 和 Moon 提出了一种扩展的区间编码，其编码规则遵循以下三元组的形式化定义①。

定义 5—3 Li-Moon 编码方案

$< order, size, level >$，假设 N 是半结构化数据节点（包括元素节点和属性节点）的集合，那么：

● 函数 $order$：$\forall n \in N$，$order(n)$ 表示节点 n 在数据集中的文档序，其和定义 5—2 中函数 $start$ 的意义一样，$order(n) = start(n)$；

● 函数 $size$：$\forall n \in N$，$size(n)$ 表示节点 n 在数据集中所占空间的大小。根据定义 5—2 可以得到，$end(n) = order(n) + size(n) - 1$；

① Li Q.，Moon B.，"Indexing and Querying XML Data for Regular Path Expressions"，In: Proceedings of the 27th International Conference on Very Large Data Bases（VLDB），2001，pp. 361 –370.

- 函数 $level$：$\forall n \in N$，$level(n)$ 表示节点 n 在数据集中的层级（或深度），这和定义 5—2 中函数 $level$ 的定义一样。

根据定义 5—3，不难得出如下结论。对于节点 $u,v \in N$，如果 $order(u) < order(v)$ 且 $order(v) + size(v) \leqslant order(u) + size(u)$，即节点 v 在文档中存在于节点 u 之中，那么节点 u 是节点 v 的祖先（或父）节点。如果节点 u 是节点 v 的左兄弟节点，那么 $order(v) > order(u) + size(u) - 1$。假设 $Children(u)$ 表示节点 u 的子节点的集合，那么 $size(u) \geqslant \sum\limits_{n \in Children(u)} size(n)$。因此，在 Li – Moon 编码中，$size(u)$ 一般都设置为比 $\sum\limits_{n \in Children(u)} size(n)$ 大的任意整数，这就为将来插入的节点预留了一部分编码空间。

图 5—5，是使用 Li – Moon 编码的结果，这里假设每个节点所占用的空间都为 10，且每个节点都预留 10 的编码空间。

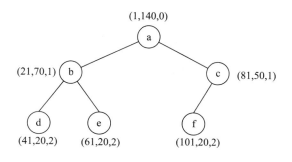

图 5—5　Li – Moon 编码

图 5—6，是插入节点之后的 Li-Moon 编码情况。和 Dietz、Zhang 编码不同，针对三种插入情况，在给足预留编码空间的情况下，Li-Moon 编码可以对部分插入节点进行编码。

根据所介绍的三种编码方案不难看出，基于区间的节点编码方案，可以通过编码判断节点间的结构关系，符合本章第一节所定义的"确定性"的要求。此外，介于区间的节点编码方案，都相对简

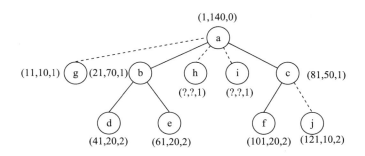

图 5—6　插入节点后 Li-Moon 编码

单，也符合高效性和压缩性的标准。但是，Dietz 和 Zhang 编码，都无法解决节点动态编码的更新的问题，而 Li-Moon 编码只能解决部分节点动态编码的更新。总之，基于区间的节点编码方案，虽然具有简单的编码逻辑，但却始终无法完全有效地支持动态编码。因此，在基于区间的编码方案上，研究者们逐渐发明了一类新的动态编码方案，即基于前缀的节点编码。

三　基于前缀的节点编码方案

基于前缀的编码方案，是根据半结构化数据树状结构的特点，每个节点的编码都是以其父节点的编码为前缀，以及该节点在同级兄弟节点中的唯一标识码（也称为层标识）组合而成。就一般而言，基于前缀的节点编码方案，都符合以下二元组的形式化定义。

定义 5—4　基于前缀的节点编码方案

$< pre,id >$，假设 N 是半结构化数据节点（包括元素节点和属性节点）的集合，那么：

● 函数 pre：$\forall n \in N$，$pre(n)$ 表示节点 n 的前缀编码，也是其父节点的编码；

● 函数 id：$\forall n \in N$，$id(n)$ 表示节点 n 的层标识。

对于节点 $u,v \in N$，如果 $pre(v)?pre(u)+id(u)$，即节点 u 的编

码属于节点 v 的前缀编码的一部分，那么节点 u 是节点 v 的祖先节点。如果 $pre(v) = pre(u) + id(u)$，即节点 u 的编码是节点 v 的前缀编码，且和节点 v 的编码相比，仅少一个层标识，那么节点 u 是节点 v 的父节点。

前缀编码最早是出现于图书馆学中的 Dewey 十进制图书分类法[①]，在 Dewey 编码方案中，按先后次序给同级的每个节点分配一个正整数作为其层标识符，这个层标识符和其父节点的编码一起，构成了该节点完整的编码。其中，层标识符和父节点的编码之间，一般会使用分隔符隔开，常用的是 "."。在定义 5—4 的基础上，可以扩展得到 Dewey 编码的形式化定义。

定义 5—5　Dewey 编码方案

$< pre, id, dewey >$，假设 N 是半结构化数据节点（包括元素节点和属性节点）的集合，那么：

● 函数 pre：和定义 5—4 中一样，表示节点的前缀编码，也是其父节点的编码。

● 函数 id：和定义 5—4 中一样，表示节点的层标识。$\forall n \in N$，节点 n 的层标识 $id(n)$ 是一个正整数，其值为节点 n 在其兄弟节点中的出现次序。

● 函数 $dewey$：$\forall n \in N$，$dewey(n)$ 表示节点 n 的 Dewey 编码。其中，若节点 n 为根节点，则其编码为 $dewey(n) = 1$；其他节点的编码为 $dewey(n) = pre(n).id(n)$。

对于节点 $u, v \in N$，若节点 u 是节点 v 的父节点，那么 $pre(v) = dewey(u)$。图 5—7，是使用 Dewey 编码的结果，从中可以看出此编码方案可以快速有效地确定节点间的结构关系。

---

① Online Computer Library Center. Introduction to Dewey Decimal Classification [EB/OL]. Available at：http：//www. oclc. org/dewey/versions/ddc22print/intro. pdf, 2003.

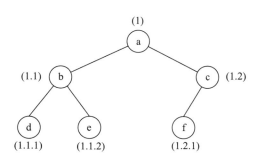

图 5—7　Dewey 编码

但是，Dewey 编码也是一种静态编码，在不改变已有节点编码的前提下，无法给新插入的节点分配可用的 Dewey 编码。如图 5—8 所示，在新插入的节点中，Dewey 编码只能对节点 j 进行编码，对于有右侧兄弟节点的新插入节点，需要对其右侧兄弟节点及其后裔节点进行重新编码。

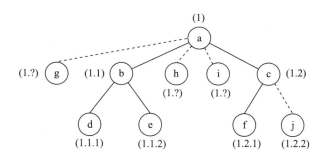

图 5—8　插入节点后 Dewey 编码

为了避免插入新节点造成兄弟节点及其后裔节点重新编码的问题，许多研究者在 Dewey 编码的基础上，提出了多种改进的编码方案。其中，比较有影响的有 DeweyID[①] 和 DLN[②] 编码方案。前者是通过预留编码空间，并且引入占位符的概念，满足动态编码的需求；而后者引入层分隔符的概念，解决了层标识溢出的问题，使节点的编码长度灵活可变，有效地避免重新编码的问题。但是，后者的编码方式加大了编码的复杂度。目前较为流行的动态编码方案，其实都是基于前者的编码思想。接下来，将介绍对本研究产生重要影响的 ORDPATH[③] 编码方案。

四 ORDPATH 编码方案

ORDPATH 是一种应用比较广泛的、动态的基于前缀的节点编码方案，它已经被应用到 Microsoft SQL Server 2005 等商业数据库中，作为对 XML 节点建立索引和优化 XML 查询的编码方案。ORDPATH 在初始编码的时候，只是用正奇数作为层标识，偶数和负奇数在对新插入的节点进行编码时才会被使用，其形式化定义如下。

定义 5—6 ORDPATH 编码方案

$< order, pre, id, orderpath >$，假设 N 是半结构化数据节点（包括元素节点和属性节点）的集合，那么：

● 函数 $order$：其中，$\forall n \in N$，节点 n 的层标识 $order(n)$ 是一个正整数，其值为节点 n 在其兄弟节点中的出现次序；

● 函数 pre：和定义 5—4 中一样，表示节点的前缀编码，也是其父节点的编码；

● 函数 id：和定义 5—4 中一样，表示节点的层标识，在初次

① Duong M., Zhang Y., "A New Labeling Scheme for Dynamically Updating XML Data", In: Proceedings of ADC, 2005, pp. 185 – 193.

② Bohnle T., Rahm E., "Supporting Efficient Streaming and Insertion of XML Data in RDBMS", In: Proceedings of the 3rd International Workshop Data Integration over the Web (DIWeb), 2004, pp. 70 – 81.

③ O. Neil P. E., O. Neil E. J., Pal S., et al., "ORDPATHs: Insert – Friendly XML Node Labels", In: Proceedings of SIGMOD, 2004, pp. 903 – 908.

编码时，$\forall n \in N, id(n) = 2 * order(n) - 1$ ；

- 函数 $orderpath$ ：$\forall n \in N, orderpath(n)$ 表示节点 n 的 ORD-PATH 编码。其中，若节点 n 为根节点，则其编码为 $orderpath(n) = 1$ ；其他节点的编码为，$orderpath(n) = pre(n).id(n)$ 。

图 5—9，是使用 ORDPATH 编码的结果。和 Dewey 编码方案相比，ORDPATH 以牺牲节点编码效率和结构关系的判定效率为代价，预留编码空间。从图中可以看出，对节点进行初次编码时，ORD-PATH 编码方案只使用正奇数，预留了负整数和正偶数给插入节点进行编码。

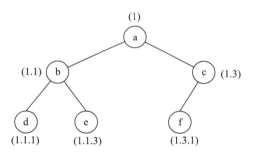

图 5—9 ORDPATH 编码

由于预留了编码空间，所以 ORDPATH 可以支持动态编码，在有插入节点时，无须对已有节点进行重新编码。图 5—10，是 ORD-PATH 对插入节点进行编码后的结果。显然，新插入的节点，并没有对已有编码产生影响。而且，插入节点后，所有节点的结构关系依然可以通过 ORDPATH 编码进行判定。

在 ORDPATH 编码方案中，对新插入节点的编码，根据插入位置可以分为 4 种情况。

（1）叶节点的子节点：对于节点 $u, v \in N$，节点 u 是一个叶节点，节点 v 为新插入的节点，其插入位置为节点 u 的子节点。那么，

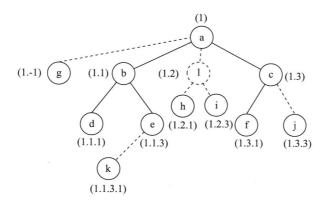

图 5—10 插入节点后 ORDPATH 编码

$orderpath(v) = orderpath(u).1$。如图 5—10 中的节点 k，其编码为 $orderpath(e).1 = 1.1.3.1$。

（2）所有兄弟节点的右兄弟节点：对于节点 $u, v \in N$，节点 u 没有右兄弟节点，节点 v 为新插入的节点，其插入位置为节点 u 的右兄弟节点。那么，$id(v) = id(u) + 2$，$orderpath(v) = pre(u).(id(u) + 2)$。如图 5—10 中的节点 j，其编码为 $pre(f).(id(f) + 2) = 1.3.(1 + 2) = 1.3.3$。

（3）所有兄弟节点的左兄弟节点：对于节点 $u, v \in N$，节点 u 没有左兄弟节点，节点 v 为新插入的节点，其插入位置为节点 u 的左兄弟节点。那么，$id(v) = id(u) - 2$，$orderpath(v) = pre(u).(id(u) - 2)$。如图 5—10 中的节点 g，其编码为 $pre(b).(id(b) - 2) = 1.(1 - 2) = 1.-1$。

（4）两个兄弟节点中间的兄弟节点：对于节点 $u, v, w \in N$，节点 u 和节点 v 为兄弟节点，且节点 u 为节点 v 的左兄弟节点，节点 w 为新插入的节点，其插入位置为节点 u 和节点 v 中间。如果节点 u 和节点 v 的层标识之间不存在合法的 ORDPATH 编码，即不存在正奇数，那么此时要先引入一个偶数的占位节点，此节点只是一个逻辑

节点 x，并没有任何数据，且 $id(x) = \dfrac{id(u) + id(v)}{2}$，$orderpath(x) = pre(u) \cdot \left(\dfrac{id(u) + id(v)}{2}\right)$。然后，根据规则（1），在占位节点下层插入节点 w，其编码为 $orderpath(w) = orderpath(x) \cdot 1 = pre(u) \cdot \left(\dfrac{id(u) + id(v)}{2}\right) \cdot 1$。如图 5—10 中，在节点 b 和节点 c 之间插入节点 h，那么需要先插入一个虚拟的占位节点 l，其编码为 $pre(b) \cdot \left(\dfrac{id(b) + id(c)}{2}\right) = 1 \cdot \left(\dfrac{(1 + 3)}{2}\right) = 1.2$。然后将节点 h 作为节点 l 的子节点，按照规则（1）插入，其编码为 $orderpath(l) \cdot 1 = 1.2.1$。如果此时，又有节点 y 需要插入在节点 w 和节点 v 之间，那么可以按照规则（2）视节点 y 为节点 w 的右兄弟节点。如图 5—10 中，在节点 h 和节点 c 间插入节点 i，可以按照规则（2）视为给节点 h 新增右兄弟节点，其编码为 $pre(h) \cdot (id(h) + 2) = 1.2 \cdot (1 + 2) = 1.2.3$。同理，若在节点 b 和节点 h 间插入节点，则可以按照规则（3）视为给节点 h 新增左兄弟节点，其编码为 $pre(h) \cdot (id(h) - 2) = 1.2 \cdot (1 - 2) = 1.2. -1$。特殊地，若在节点 h 和节点 i 间插入节点，则可以按照规则（4）进行添加，其编码为 $pre(h) \cdot \left(\dfrac{id(h) + id(i)}{2}\right) \cdot 1 = 1.2 \cdot \left(\dfrac{(1 + 3)}{2}\right) \cdot 1 = 1.2.2.1$。

值得注意的是，偶数不能单独作为层标识，其必须与后续的若干个偶数以及第一个奇数共同构成层标识。虽然偶数是作为虚拟的占位节点引入，但是其本身并不包含数据，也没有任何物理结构意义。偶数占位节点的意义在于，可以在文档中的任意位置插入节点，而不会影响已有节点的编码，因为已经将偶数作为预留的编码空间留给插入节点进行 ORDPATH 编码。

虽然 ORDPATH 编码是一种较为有效的动态前缀编码方案，但是其也具有不足之处。最为显著的缺陷就是，偶数层标识不具有任何物理结构意义，虽然其有效地解决了动态编码的问题，但是也增加了编码的长度，而且会造成同层节点段数不一致，从而影响更新和查询的效率。

第二节 D2 编码方案

本书在第二章第四节所介绍的 ORDPATH 编码方案的基础上，弥补了其不足之处，提出并实现了一种新的动态的基于前缀的半结构化节点编码方案——D2（Divide by 2，除 2 编码）①，该方法完全避免了重新编码，并可进行二进制串行化和反串行化。该编码方案，是源自 BSC 编码方案②的思想，但是 BSC 编码方案并没有提出一套完整可行的二进制串行化和反串行化方案。因此，本书提出的 D2 编码方案，对 BSC 编码方案的理论模型进行了改进，提高其串行化和反串行化性能。

一 D2 编码方案的基本概念

在前文介绍的基于前缀的节点编码方案中，Dewey 编码使用连续的正整数作为层标识，这种编码方案不具有动态性；ORDPATH 编码在初次编码时，只使用正奇数作为层标识，预留负奇数和偶数

① Yin Zhang, Hua Zhou, Junhui Liu, Yun Liao, Peng Duan, Zhenli He, "D2 – Index: A Dynamic Index Method for Querying XML and Semi – structured Data", In: Proceedings of 2012 IEEE 19th International Conference on Industrial Engineering and Engineering Management, 2012 – 1, pp. 749 –753.

② Wang C., Yuan X., Wang X., "An Efficient Numbering Scheme for Dynamic XML Trees", In: Proceedings of the 2008 IEEE International Conference on Computer Science and Software Engineering (CSSE), 2008, pp. 704 – 707.

作为插入节点的层标识编码，这种编码具有较好的动态性，但是却牺牲了编码长度、编码效率和判定速率。本书突破了传统的以整数作为层标识的限制，采用二进制真分数作为层标识，由于真分数的取值区间是无穷的，所以可以保证在任意位置插入节点都存在有效的编码。

使用 D2 对半结构化数据的节点进行编码时，每个同级层标识的初始值为"$\frac{1}{2}$"，其后每个同级兄弟节点的层标识为前一个节点的层标识依次除以 2，所以该方法的全称为 Divide by 2，其形式化定义如下。

定义 5—7　D2 编码方案

$< order, pre, id, d >$，假设 N 是半结构化数据节点（包括元素节点和属性节点）的集合，那么：

• 函数 $order$ 的意义，和定义 5—6 中一样，表示节点在其兄弟节点中的出现次序；

• 函数 pre：和定义 5—4 中一样，表示节点的前缀编码，也是其父节点的编码；

• 函数 id：和定义 5—4 中一样，表示节点的层标识，其中，$\forall n \in N$，在初次编码时，$id(n) = 2^{-order(n)}$；

• 函数 d：$\forall n \in N$，$d(n)$ 表示节点 n 的 D2 编码。其中，若节点 n 为根节点，则其编码为 $d(n) = \frac{1}{2}$；其他节点的编码为 $d(n) = pre(n).id(n)$。值得注意的是，D2 编码是可以进行比较的，其比较方法是，从左到右，依次对每个层标识进行比较，直到找出不相等的层标识，该层标识的比较结果就是整个 D2 编码的比较结果。

图 5—11，是使用 D2 编码的结果。和 ORDPATH 编码方案相比，D2 采用真分数进行编码，由于真分数的取值范围是无穷的，

所以预留的编码空间足以满足动态性的要求。

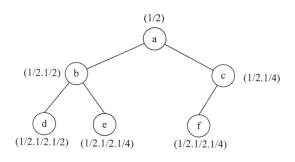

图 5—11　D2 编码

从图 5—11 中可以看出，随着文档序的增加，层标识的编码呈减小的规律。∀$n \in N$，$doc(n)$ 表示节点 n 在数据中的文档序，对于节点 $u, v \in N$，D2 编码具有以下性质。

（1）若 $doc(u) = doc(v)$，则节点 u 和节点 v 是同一个节点。

（2）若 $doc(u) < doc(v)$，则 $d(u) > d(v)$，随着文档序的上升，节点的 D2 编码的值呈下降趋势。特殊地，如果 $doc(u) < doc(v)$ 且 $pre(u) = pre(v)$，则 $id(u) > id(v)$。

在 D2 编码中，节点的层标识都是真分数，且分母都是 2^k。这种设计，保证了层标识是有限小数，且易于被有限长度的二进制串表示。本节只讨论真分数形式的 D2 逻辑编码，对于物理编码，将在第三节进行详细阐述。

和采用整数作为层标识的编码方案相比，D2 编码方案采用二进制真分数作为层标识的优点在于：采用整数作为层标识的编码方案大多采用预留编码空间、添加虚拟层节点以及添加层分隔符等方法，从而保证编码算法的动态性。但是，采用预留编码空间的方法不够灵活，一旦超出预留空间，仍然会引发重新编码的问题；添加虚拟层节点的方法，会造成插入节点的编码中逻辑层数与物理层数不同，增加了通过编码获取节点结构信息的难度；添加层分隔符的方法，由于引入了特殊的标识作为分隔符，增加了节点编码的串行化和解析的难度。D2 编码方案采用二进制真分数作为层标识，利用真分数取值区间无穷的特点，保证算法动态性的同时，避免了采用整数作为层标识的编码方案的上述缺陷。

二　静态 D2 编码

静态 D2 编码，是对一个半结构化数据进行节点编码。在 D2 编码方案中，节点的属性也被视为其子节点，且属性节点位于元素节点之前，这也符合其在数据中的文档序。图 5—13，是采用 D2 编码方案对图 5—12 所示的 XML 数据进行静态节点编码的结果。

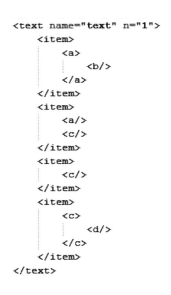

图 5—12　XML 数据

从前文的介绍中，不难看出，静态节点编码方案，就是将从根节点到编码节点的路径上所有节点的层标识进行组合，所以静态编码的核心就是层标识编码。而根据定义 5—7，只要知道节点在其兄

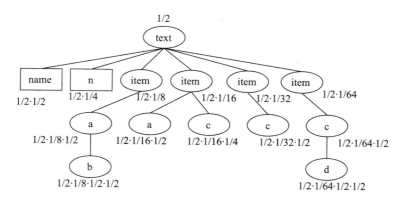

图 5—13　D2 静态节点编码结果

弟节点中的次序，就可以很容易地得到静态 D2 层标识编码。在第三章曾介绍过，采用半结构化数据解析器（SAX、XmlReader 等）可以很容易得到节点在所有兄弟节点中的位置。D2 编码方案提取节点模式的手段，就是借助第四章中提及的 XTree 算法的理论模型，构造源半结构化数据的文档树，本章将不再累述。根据解析器对节点信息的解析，可以通过如下算法对该节点的属性和元素子节点进行层标识编码。

算法 5—1　D2 层标识编码算法

输入：元素 node

输出：该元素的属性和元素子节点进行层标识编码 d：List < float >

1. 使用解析器对元素 node 进行解析

2. 令 n = 0

3. while node. MoveToNextAttribute（）//函数 MoveToNextAt-tribute：如果元素 node 尚有未遍历到的属性，则移动到下一个属性，且返回 true；否则，返回 false

a）d. Add（$2^{-(++n)}$）//添加当前元素的层标示编码

4. do

b）if 不能移动到下一个节点 current

1. break

c）ifcurrent. NodeType＝＝Element//当前节点 current 的类型为元素

2. ifcurrent. IsEmptyElement//当前节点 current 是不包含内容的元素

1）d. Add（$2^{-(++n)}$）//添加当前元素的层标示编码

3. else

2）调用算法 5—1 对该节点 current 的属性和元素子节点进行层标识编码

5. while current. NodeType！＝EndElement｜｜current. Name！＝node. Name//当前节点 current 不是元素 node 的终止节点

对整个 XML 文档树，对其中的所有节点深度优先递归调用算法 5—1，就可完成对整个文档的节点编码。

三　动态 D2 编码

和 ORDPATH 编码方案相同，根据节点的插入位置和其兄弟节点的关系，动态 D2 编码可以分为四种情况：没有兄弟节点，在所有兄弟节点的最左端，在所有兄弟节点的最右端，以及在两个兄弟节点之间。节点插入位置的不同，其生成层标识的方法也不同，具体的生成算法如算法 5—2 所示。

算法 5—2　插入节点层标识的 D2 编码

输入：插入位置左端节点的层标识 left，插入位置右端节点的层标识 right

输出：插入节点层标识 insertion

1. if 既不存在 left 也不存在 right，即没有兄弟节点

a）*insertion*?1/2

2. if 不存在 left，即插入位置在最左端

b）*insertion*?（*right* + 1）/2

3. else if 不存在 right，即插入位置在最右端

c）*insertion*?*left*/2

4. else 即插入位置在两个节点中间

d）*insertion*?（*left* + *right*）/2

根据算法5—2，在任意位置插入节点，可以得到如图5—14 的动态编码结果图。显然，插入节点的 D2 编码值，也符合随文档序增加而递减的规律。此外，由于真分数的特殊性，编码空间是无穷的，所以不会出现重复编码。更进一步，新插入的节点，不会影响其他节点的已有编码。

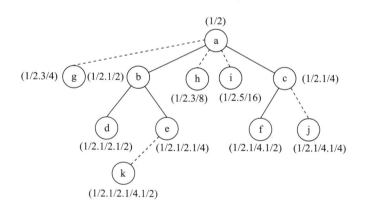

图5—14　插入节点后 D2 编码

第三节　D2 编码的二进制表示

在 ORDPATH 编码方案中，设计者提出一套巧妙的物理编码方案，将逻辑编码串行化为二进制物理编码。这样设计的优点，不仅

仅是可以将编码进行快速的压缩存储，而且无须将物理编码的二进制反串行化为逻辑编码，就可以直接通过物理编码判断节点间的结构关系。

一 D2 编码的二进制表示

在 D2 编码方案中，节点的编码都是由从根节点到当前节点的路径上的所有节点的层标识的组合。因此，D2 编码二进制表示的核心，就是层标识的二进制表示。和 ORDPATH 不同，D2 编码方案使用有限小数（真分数）对层标识进行编码。一般而言，有限小数也被称为浮点型数据，其二进制的表示都是遵循 IEEE 的规范，这种方式虽然易于表达，但是由于其是采用定长的二进制串标示，这在一定程度上会使得 D2 编码的二进制表示不够灵活且容易造成编码浪费。例如，在 C 和 C#等程序设计语言中，对浮点型数据采用单精度类型（float）和双精度类型（double）来存储。其中，float 遵从的是 IEEE – R32.24 标准，使用 32bit 来表示一个浮点型数据；而 double 遵从的是 IEEE – R64.53 标准，使用 64bit 表示一个浮点型数据。为此，本书提出一种新的浮点型数据的二进制表示方式，既可以准确地表示一个二进制小数，又不会造成编码长度上的浪费。

在 IEEE 的规范中，一个浮点型数据是以其二进制的科学计数法来进行存储，其包括 3 个部分。

（1）符号位（Sign）：0 代表正，1 代表为负；

（2）指数位（Exponent）：使用固定长度的二进制位串存储科学计数法中的指数数据，由于指数既可以为正数也可以为负数，所以采用移位存储，需要注意的是，对于 float 型数据，其指数位有 8bit，因此其元数据（元数据的逻辑意义为 0）为 $2^7 - 1 = 127$，同理，double 型数据指数位的元数据为 1023；

（3）尾数部分（Mantissa）：使用固定长度的二进制位串，存储科学计数法中小数的尾数部分，值得注意的是，由于任何一个浮点型数据的二进制科学计数法的整数部分都是 1，因此整数部分可以忽略，不用进行表示。

图 5—15，是显示了 float 和 double 型数据的二进制表示方式。通过例 5—1，可以更好地阐述浮点型数据是如何用二进制表示的。

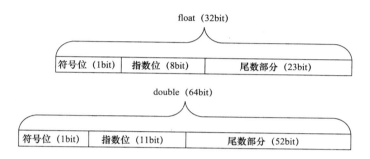

图 5—15　float 和 double 型数据的二进制表示方式

例 5—1　分别用 float 和 double 的方式存储 0.75

首先，将 0.75 用二进制的科学计数法表示为：$0.11 = 1.1 \times 2^{-1}$。显然，0.75 是正数，其二进制科学计数法中符号位为 0，尾数部分为 1。对于 float 型，其指数位为 $127 - 1 = 126$。同理，double 型的指数位为 1022。因此，可以得到 0.75 的 float 和 double 型的存储格式如图 5—16 所示。

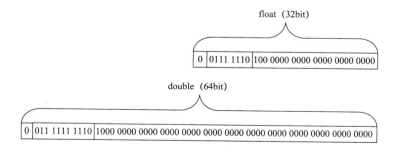

图 5—16　使用 float 和 double 方式二进制表示 0.75

不难看出，无论是 float 还是 double，其定长的存储方式都会造成 D2 编码的二进制表示占用过长的位串，而且其中包括大量的无用编码。因此，必须提出一种更高效的浮点型数据二进制表示方式。

在 D2 编码方案中，所有的层标识都是正有限小数，因此符号位可以省略。而指数位的表示，如果采用 IEEE 规范中定长位串的方式，则会造成编码长度过于冗长，且不灵活。因此，本书采用 ORDPATH 编码方案中，长度—值配对法进行表示，其表示方法如图 5—17 所示。其中，二进制位串 L 指定了后继二进制位串 V 的长度，二进制位串 V 则表示了想要表示的值。例如，如果要用 3 bit 表示"5"，显然 V 为"101"，若 L 为"011"表示后继二进制位串 V 的长度为 3 bit，那么使用长度—值配对法表示"5"的结果应为"011101"。

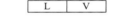

图 5—17　长度—值配对法

这种长度—值配对法中，L 的编码方案可以有很多种，前提是要符合 Fano 准则。所谓 Fano 准则，就是任一编码都不是其他编码的前缀。为了更形象地说明这种表示方法，这里以 ORDPATH 中的串行方法为例进行阐述，其 L 的编码方式如图 5—18 所示。L 的二进制位串为 01，定义 $L = 3$，这表明所跟随的 V 的长度为 3bit，其二进制串取值为（000，001，…，111），代表的是前 8 个整数（0，1，…，7）。因此，"5"在 D2 – Index 中的 L/V 编码为 01101。在下一行中 100 定义了一个 $L = 4$，并且跟随了一个长度为 4bit 的 V，其取值范围为 [8，23]。其中，0000 表示 $V = 8$，0001 表示 $V = 9$，……，1111 表示 $V = 23$。同样，当 V 的取值范围在 [– 8， – 1] 中时，

L 的二进制表示为 01，且 000 表示此范围内的最小值为 −8。这种长度—值配对法的表示方式具有以下 3 个优点。

（1）根据特殊的二进制位串前缀，可以知道 L 的开始位置，也可以知道其结束位置；

（2）每个 L 二进制位串规定了随后的 V 二进制串的长度，使 V 的长度灵活可控，不用定长表示，避免了无效的编码位；

（3）根据（1）和（2）可以很容易对编码进行二进制串行化和反串行化。

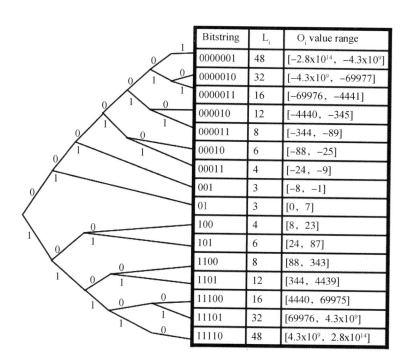

Bitstring	L_i	O_i value range
0000001	48	$[-2.8 \times 10^{14}, -4.3 \times 10^9]$
0000010	32	$[-4.3 \times 10^9, -69977]$
0000011	16	$[-69976, -4441]$
000010	12	$[-4440, -345]$
000011	8	$[-344, -89]$
00010	6	$[-88, -25]$
00011	4	$[-24, -9]$
001	3	$[-8, -1]$
01	3	$[0, 7]$
100	4	$[8, 23]$
101	6	$[24, 87]$
1100	8	$[88, 343]$
1101	12	$[344, 4439]$
11100	16	$[4440, 69975]$
11101	32	$[69976, 4.3 \times 10^9]$
11110	48	$[4.3 \times 10^9, 2.8 \times 10^{14}]$

图 5—18　ORDPATH 编码方案中长度—值配对法的方式

虽然浮点型数据的指数部分可以采用长度—值配对法表示，但是这种方法对于尾数并不适用。例如，1.75 和 1.625，其二进制科学计数法表示为 1.11 和 1.101，其整数部分和指数位都相等，尾数部分分别为 11 和 101。由于长度—值配对法中，长度在前，如果采用此方法表示尾数部分，则 11 的长度为 2，小于 101 的长度 3，使得 1.75 大于 1.625，显然与事实不符。因此，对尾数部分必须设计另外一种串行表示方式。

本书采用一种扩展编码方式，将尾数部分的每一位按以下规则进行串行化："10"表示"1"，"01"表示"0"。使用这种方式再对 1.75 和 1.625 的尾数部分进行串行化，得到前者的尾数部分为 1010，后者为 100110，从左向右比较的话，显然前者更大，与事实相符。采用这种编码的意义，不仅在于可以直接比较一个浮点型数据的大小，更重要的是，这种编码可以很容易地确定尾数部分的长度。首先，由于在指数位的表示方法中，指定了指数部分的二进制长度，因此尾数部分的开始位置很容易获得。尾数部分以 2 bit 为 1 个单位，那么尾数部分只包含"01"和"10"两种组合。根据上文所述，D2 编码方案中的层标识为一个有限小数，其串行化表示分为 2 个部分指数的长度—值配对以及尾数部分。又由于一个节点的 D2 编码的串行化，应当如图 5—19 所示，其中 M 表示层标识——浮点型数据的尾数部分。

L_0	V_{E0}	M_0	L_1	V_{E1}	M_1	...	L_n	V_{En}	M_n

图 5—19　D2 编码的串行表示

从图 5—19 可以看出，每个层标识的尾数部分，紧跟着的是下一个层标识的指数配对表示部分中的 L。那么，只要 L 的编码前缀不包括"01"和"10"，就很容易和前一个层标识的尾数部分进行区分。因此，本书设计出如表 5—1 所示的编码规则对指数部分进行配对法表示。需要说明的，由于二进制小数的科学计数法的整数部分只有 1 位且都是 1，为了降低解码的复杂度，本方法将整数部分也归入尾数部分进行编码。

表 5—1　　　　　D2 编码方案中长度—值配对法的表示方式

二进制位串	L 所表示的长度	V 的取值范围
00000010	64	$[-18447025552981299544,\ -281479271747929]$
00000011	48	$[-281479271747928,\ -4295037273]$
0000010	32	$[-4295037272,\ -69977]$
0000011	16	$[-69976,\ -4441]$
000010	12	$[-4440,\ -345]$
000011	8	$[-344,\ -89]$
00010	6	$[-88,\ -25]$
00011	4	$[-24,\ -9]$
001	3	$[-8,\ -1]$
110	3	$[0,\ 7]$
11100	4	$[8,\ 23]$
11101	6	$[24,\ 87]$
111100	8	$[88,\ 343]$
111101	12	$[344,\ 4439]$
1111100	16	$[4440,\ 69975]$
1111101	32	$[69976,\ 4295037271]$
11111100	48	$[4295037272,\ 281479271747927]$
11111101	64	$[281479271747928,\ 18447025552981299543]$

可以看出，L 的编码都是以 "00" 和 "11" 作为前缀，可以和尾数部分进行区分。接下来的例 5—2，可以详细解释 D2 编码是如何被二进制串行化表示的。

例 5—2 对 D2 编码 "$\frac{1}{2}?\frac{3}{4}?\frac{3}{8}$" 进行二进制串行表示，结果如表 5—2 所示。

表 5—2　　　　　　　　　　　D2 编码的二进制表示

$\frac{1}{2}$			$\frac{3}{4}$			$\frac{3}{8}$		
1×2^{-1}			1.1×2^{-1}			1.1×2^{-2}		
001	111	10	001	111	1010	001	110	1010
$L_0 = 3$	$V_{E0} = -1$	$M_0 = 1$	$L_1 = 3$	$V_{E1} = -1$	$M_1 = 11$	$L_2 = 3$	$V_{E2} = -2$	$M_2 = 11$

可以看出，该编码结果可以很容易地识别层标识，其以"00"或"11"开始，以"10"结束。此外，按位从左向右地比较 $\frac{1}{2}$、$\frac{3}{4}$ 和 $\frac{3}{8}$ 的二进制表示的大小，所得结果也是 $\frac{3}{8} < \frac{1}{2} < \frac{3}{4}$ 符合其串行化前的大小关系。因此，不需要对 D2 的物理编码进行反串行化，就可以得到其逻辑编码的大小关系。这也为如何根据 D2 的物理编码，获得节点间结构关系，奠定了基础。

二　D2 物理编码的比较

在本章第二节中，我们提到过，节点的编码规则必须具备有序性，换而言之，通过比较编码值，就可以知道其在文档中的先后顺序及相对位置关系。本章第三节介绍了如何通过 D2 逻辑编码，判断节点间的结构关系。但是在实际使用中，往往是直接通过比较 D2 的物理编码，得到节点间的结构关系。我们将以表 5—3 列举的 7 个 D2 编码及其二进制串行结果为例，详细阐述如何通过比较 D2 的物理编码，获得其结构关系。

表 5—3   D2 编码示例

文档序	逻辑编码	物理编码
1	$\dfrac{3}{4}$	001 111 1010
2	$\dfrac{3}{4} \cdot \dfrac{1}{2}$	001 111 1010 001 111 10
3	$\dfrac{1}{2}$	001 111 10
4	$\dfrac{1}{2} \cdot \dfrac{1}{2}$	001 111 10 001 111 10
5	$\dfrac{3}{8}$	001 110 1010
6	$\dfrac{5}{16}$	001 110 100110
7	$\dfrac{1}{8}$	001 101 10

在表 5—3 中，从上往下是节点在文档中的出现次序，即文档序。在本章第三节中，曾介绍节点的 D2 编码值是随着文档序的增加而递减。那么，现在对表 5—3 中的节点的 D2 物理编码进行比较，考察比较的结果和文档序之间是否存在对应的关系，并找出比较 D2 物理编码的规律。

根据节点间结构关系的不同，我们将分以下四种情况进行讨论。

（1）父子（祖孙）节点的比较：在表 5—3 中，1 和 2，3 和 4 节点属于父子关系。父节点的二进制编码是其子节点二进制编码的前缀，且子节点二进制编码的剩余部分以"00"开始。显然，父节点的文档序在前。

（2）同级（兄弟）节点的比较：表 5—3 中，1、3、5、6 和 7 节点属于同级节点。同级节点的比较会出现两种情况：一种是其二进制编码的长度相等，如 1 和 5 节点，以及 3 和 7 节点。这种情况下，可以直接对它们的二进制位串按 bit 进行比较，或者按 byte 进行比较，数值较大的文档序在前。另一种是，编码长度不相等，如 6 和其他节点的编码长度都不相等。这种情况下，以编码较短的长度为标准对两者进行比较，值较大的节点文档序在前，如 3 和 5；若比较结果相等，则长度长的文档序在前，如 1 和 3。

（3）同深度非兄弟节点的比较：在表 5—3 中，2 和 4 属于此类关系。由于此类节点和同级节点的比较类似，都是相同深度节点的比较，因此此类节点的比较方法和同级节点相同。

（4）不同深度非父子（祖孙）节点的比较：表 5—3 中，1、5、6、7 和 4，以及 3、5、6、7 和 2 属于此类关系。此类型的比较又可分为两种情况，如果两者长度相等可直接进行比较，数值较大的文档序在前；若长度不相等，以较短的长度为标准进行比较，值较大的文档序在前，如 1 和 4；若比较结果相等，则长度长的文档序在前，如 2 和 3。

综上所述，后三种情况下的比较方法是一致。更进一步的是，只要两个节点的编码长度相等都可以进行直接比较。若不相等，则以长度较短的为标准进行比较，值较大的文档序在前。若比较结果相等，则先判断长度较长的编码剩余部分是否以"00"开始，若是，则是另一个的子（后裔）节点，文档序在后；若不是，则其文档序在前。比较 D2 物理编码算法的流程图，如图 5—20 所示。

值得注意的是，在计算机中，存储二进制数据的最小单元为 byte，其长度为 8 bit。但是，D2 编码的串行化的长度不一定是 8 bit 的整数倍。因此，在比较 2 个 D2 物理编码时，按从左到右的次序，按 byte 为单位进行比较，如果剩余的部分不足 8 bit，则以右侧补 0 的方式补足 1 byte。这样，可以更方便快速地进行比较。

根据 D2 物理编码的比较方法，我们通过例 5—3 分析动态 D2 编码后，节点的编码值和文档序是否依然呈现对应的关系。

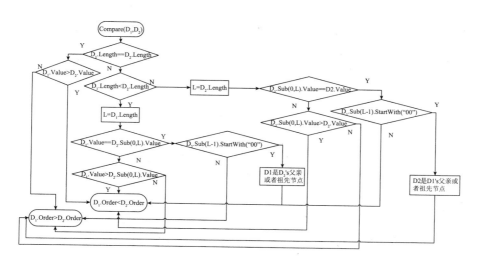

图 5—20　比较 D2 物理编码算法的流程图

例 5—3　假设 " $\frac{1}{2}?\frac{3}{4}$ " 和 " $\frac{1}{2}?\frac{1}{2}$ " 是两个已有的同级节点的编码，现有 3 个节点需要分别插入在这两个节点的最左端、最右端和中间，其插入后的结果应如表 5—4 所示。

表 5—4　　　　　　　　动态更新后节点 D2 逻辑和物理编码的变化

原始文档序	更新后的文档序	D2 逻辑编码	D2 物理编码
	1	$\frac{1}{2}\cdot\frac{7}{8}$	001 111 10 001 111 101010
1	2	$\frac{1}{2}\cdot\frac{3}{4}$	001 111 10 001 111 1010
	3	$\frac{1}{2}\cdot\frac{5}{8}$	001 111 10 001 111 100110
2	4	$\frac{1}{2}\cdot\frac{1}{2}$	001 111 10 001 111 10
	5	$\frac{1}{2}\cdot\frac{1}{4}$	001 111 10 001 110 10

根据表 5—4 的结果，插入节点的 D2 编码值，显然也符合随文档序增加而递减的规律。此外，由于二进制有限小数的特殊性，编码长度是可变的，且不会出现重复编码。插入节点，不会影响其他节点的已有编码。

第四节　实证研究

在对半结构化数据节点编码方案，尤其是对目前较为主流的基于前缀的节点编码方案的研究后发现，几乎所有编码方案都必须对文档树进行遍历，才能完成编码。因此，半结构化数据节点编码方案的时间复杂度和空间复杂度基本都是在同一数量级上，衡量一个节点编码方案性能除了本章第一节所提到的 6 条标准之外，研究者们通常使用节点编码的物理长度对编码方案进行定量的比较和分析。

一　D2 物理编码长度分析

根据 D2 编码方案的描述，该算法是对半结构化数据的文档树按深度优先进行遍历，对每个节点的层标识符进行编码，而节点最终的 D2 编码就是从根节点到自身的路径上，所有节点的层标识符的序列。因此，可以得到定理 5—1。

定理 5—1　若在一个半结构化数据集的文档树的最大深度为 l，且该文档树的平均深度为 d，若以 ID 表示节点层标识符的则使用 D2 编码方案对该半结构化数据文档树中的所有节点进行编码，所得节点编码的平均长度 L_{AVE} 和最大长度 L_{MAX} 的结果应如下：

$$L_{AVE} = d \cdot ID,$$
$$L_{MAX} = l \cdot ID 。$$

实际上，不仅是 D2 编码方案，所有的基于前缀的节点编码方案的编码长度都符合定理 5—1。

二　D2 物理编码长度实验

本节将通过实验展示使用 D2 编码方案对大规模半结构化数据的节点进行编码的可行性，以及静态编码和动态编码的长度，并和 ORDPATH 编码方案进行比较，此实验的环境与第四章第三节中的实验基本一致。此外，本实验的数据均是来自 XML Data Repository 的 XML 文档，其基本信息如表 5—5 所示。

表 5—5　　　　　　　　　　　实验所用数据的基本信息

文件名	文件大小	元素数量	属性数量	最大深度	平均深度
SigmodRecord	467K	11526	3737	6	5.14107
nasa	23.8M	476646	56317	8	5.58314
treebank_e	82M	2437666	1	36	7.87279
SwissProt	109M	2977031	2189859	5	3.55671

表 5—6，是使用 D2 编码方案对表 5—5 中的半结构化数据的节点进行静态编码后，节点编码长度的信息，并和 ORDPATH 静态编码的结果进行比较，其中分别列出了节点 D2 和 ORDPATH 物理编码的平均长度和最大长度，其单位都是 bit。

表 5—6　　　　　　　　　　　静态 D2 物理编码的长度信息

文件名	平均编码长度		最大编码长度	
	ORDPATH	D2	ORDPATH	D2
reed	27.79	36.36	40	47
SigmodRecord	35.63	60.53	46	75
nasa	45.3	59.41	68	87

文件名	平均编码长度		最大编码长度	
	ORDPATH	D2	ORDPATH	D2
treebank_e	58.25	79.58	200	305
SwissProt	40.56	51.08	65	74

此外，从表5—6可以看出，D2静态编码长度和半结构化数据的大小以及节点数量没有直接关系，而是和半结构化数据的深度有关系，即随着深度的增加，节点D2物理编码的长度呈明显的上升趋势。由于D2编码是采用二进制有限小数对节点进行编码，且有限小数的尾数是采用扩展编码的方式进行表示，所以其编码长度肯定比采用整数进行编码的ORDPATH要长。

为了测试D2编码的更新效率，选取表5—5中的第一个数据集"reed"作为原始数据。选取reed数据集中根节点下的前5个"course"节点，将表5—5中的第二个数据集"SigmodRecord"插入在6个不同的位置，分别使用D2和ORDPATH编码方案，对插入的节点进行动态编码，表5—7显示了动态编码的结果。

表5—7   **动态D2物理编码的长度信息**

插入位置	平均编码长度		最大编码长度	
	ORDPATH	D2	ORDPATH	D2
第一个节点前	51.28	45.73	79	68
一、二节点之间	49.28	42.47	75	64
二、三节点之间	49.28	42.47	75	64
三、四节点之间	49.28	42.47	75	64
四、五节点之间	49.28	42.47	75	64
五、六节点之间	41.56	37.64	70	59

从表5—7可以看出，在动态更新时，D2比ORDPATH编码具有更好的性能，其平均长度比ORDPATH要少6 bit左右，而最大编码长度则比ORDPATH小10 bit左右。原因是，D2编码利用了有限小数区间取值的无穷性，支持节点的动态更新。而ORDPATH编码则不同，如前文图5—10所示，当在两个已有节点之间插入节点时，需要先插入偶数层标识作为逻辑标识，和已有节点的编码进行区分，再插入奇数层标识作为物理标识。显然，在动态更新时，ORDPATH的编码开销肯定要大于D2编码。

通过本次实验，可以证明D2编码具有良好的编码性能，且实用性强。虽然D2编码方案在静态编码中的性能不如ORDPATH，但是在动态更新时的性能表现却强于ORDPATH。原因在于，D2编码使用有限小数对节点进行编码，在静态编码时的性能肯定不如传统利用整数进行编码的方案，但是却不用像ORDPATH那样，以添加虚拟的层标识来获取预留的编码空间，这样就有效地提高了动态更新时的效率。

第五节　小结

本章介绍了半结构化数据节点编码的特点，并根据相关研究成果，提出了大规模半结构化数据节点编码方案应当具有的6项属性。并对现有典型的基于区间和基于前缀的节点编码方案进行形式化定义，并给出实例指出其优点和不足，为本书节点编码方案的设计，提供理论基础。

目前很多研究已经提出了实用性很强的半结构化数据节点编码方案，其中大部分都是基于前缀编码的，其中最具代表性的是已应用于Microsoft SQL Server 2005等商业数据库中的ORDPATH编码方案。但是，该算法在动态编码时，会产生大量无效的编码位，造成编码长度的浪费。

针对现有半结构化数据节点编码方案的不足之处，本书提出了D2 编码方案，该算法在静态编码和动态编码中都有较强的表现力，且易于串行化和反串行化，具有较高的实用价值。该算法，是在ORPATH 和 BSC 编码方案基础上改进的。和其他半结构化数据节点编码方案相比，D2 编码最显著的特点在于，突破了传统的以整数作为层标识的限制，采用二进制真分数作为层标识，由于真分数的取值区间是无穷的，所以不用刻意地预留编码空间，就可以保证在任意位置插入节点都存在有效的编码。

经实验分析证明，D2 编码方案可以高效、准确地对半结构化数据的节点进行编码。此外，实验结果还显示，编码长度和半结构化数据的大小以及节点数量没有直接关系，而是和半结构化数据的深度有关系，随着深度的增加，节点 D2 物理编码的长度呈明显的上升趋势。和 ORDPATH 编码相比，虽然 D2 编码在静态编码时性能不如 ORDPATH，但是在动态更新时却具有更好的性能。

D2 编码的缺点在于，由于采用二进制真分数作为层标识进行编码，因此节点的物理编码长度比采用整数作为层标识的编码长度长，而且经实证发现，若在某一位置插入深度较大的文档片段，那么所插入节点的物理编码长度增长得较为明显。

在该编码方案的基础上，还可以更深入地对大规模半结构化数的索引和查询处理进行研究，利用 D2 节点编码方案，可以对半结构化文档树建立索引，这也正是本书第六章将要介绍的内容。

第六章

半结构化数据的索引和
查询处理

如今，由于半结构化数据已经成为互联网和应用系统中存储、传输和转换数据的标准格式之一，因此从大规模半结构化数据中快速准确地提取信息的需求显得更为迫切。正因如此，许多研究开始关注如何构造一个灵活的索引和查询方案，从大规模半结构化数据中提取信息。

在传统的关系型数据库系统中，提高数据查询效率的常用手段就是建立索引。在处理大规模半结构化数据时，如果每次查询都遍历整个数据集，那么查询的效率显然很低。此外，建立索引的另一个好处就是在查询处理时，可以有效地减少对原始数据的读取频率。因此，对于索引和查询处理的研究，通常是紧密联系在一起的课题。

本章将在第一节中介绍本书所提出的，基于 D2 编码方案的 D2 - Index 索引策略，其中包括了对其主索引以及辅助索引编码方案的详细设计的介绍，以及该索引策略如何支持动态更新；第二节将提出一种利用 D2 - Index 索引策略提高效率的查询处理；第三节将通过实证研究，验证 D2 - Index 索引策略以及基于该索引策略的查询处理的可用性及性能分析；第四节将对本章内容进行总结。

第一节　D2 – Index 索引策略

基于 D2 编码方案，本书提出针对一种大规模半结构数据的索引策略——D2 – Index，它并不是一种简单的索引方法，而是一个包含了多种索引技术的完整解决方案。其中，参考借鉴了节点编码索引、结构索引和倒排索引等技术。

一　主索引

在关系型数据库系统中，我们经常需要在一个文件上建立多个索引。例如，图书馆建立了多个卡片目录：按作者的、按主题的和按题目的。而作者、主题和题目，这些用于在文件中查找记录的属性或属性集合，被称为搜索码（Search Key）。如果包含记录的文件按照某个搜索码指定的顺序排序，那么该搜索码对应的索引称为主索引（Primary Index）。而存储主索引的文件，称为主索引文件，或索引顺序文件（Index – sequential File），这是关系型数据库中使用的最古老的索引模式之一。[①]

在参考文献 [79] 介绍的众多索引方法中，节点编码是大规模作为半结构化数据主索引的最好选择。例如，在 Microsoft SQL Server 2005 中，采用 ORDPATH 编码对 XML 数据中的所有节点进行编码，并按文档序将所有节点的 ORDPATH 编码结果进行存储，作为源数据的主索引。[②] D2 – Index 索引策略，则是采用 D2 编码方案对

---

① Abraham Silberschatz, Henry F. Korth, S. Sudarshan：《数据库系统概念》，杨冬青、唐世渭译，机械工业出版社 2004 年版。

② O. Neil P. E., O. Neil E. J., Pal S., et al., "ORDPATHs：Insert – Friendly XML Node Labels", In：Proceedings of SIGMOD, 2004, pp. 903 – 908.

半结构化数据的所有节点进行编码，并按文档序进行存储，形成主索引文件。

在参考文献［79］的索引思想中，提出一个主索引至少要包含元素的 ID 和元素的位置信息。在本书所提出的 D2 – Index 索引策略中，则包含了三类信息：节点的 D2 编码、节点在数据集中的起始位置，以及节点在数据集中所占的长度。D2 – Index 的主索引，可以用定义 6—1 中的三元组描述。

定义 6—1　D2 – Index 主索引

$< id, offset, length >$，假设 N 是半结构化数据节点（包括元素节点和属性节点）的集合，那么：

- 函数 id：$\forall n \in N$，$id(n)$ 表示节点 n 的 D2 编码；

- 函数 $offset$：$\forall n \in N$，$offset(n)$ 表示节点 n 在数据集中的位置，该值是该节点的起始位置距离数据起始位置的偏移量；

- 函数 $length$：$\forall n \in N$，$length(n)$ 表示节点 n 在数据集中的长度，即该节点的起始位置和结束位置之间的长度。

根据定义 6—1，如果知道需要选择的节点 n 的 D2 编码，那么就可以从主索引中获取其偏移量 $offset(n)$ 和长度 $length(n)$。目前许多半结构化数据的读取器，都可以通过偏移量和长度，快速地获取对应的数据，例如，XmlReader[①]。XmlReader 是 . NET Framework 中，提供对 XML 数据进行快速、非缓存、只进式访问的读取器。XmlReader，也是本书对 XML 数据进行查询处理所用的读取器。因此，在 D2 – Index 索引策略中，一个节点主索引的二进制存储结构应当如图 6—1 所示。

---

① 　MSDN. XmlReader Class ［EB/OL］. Available at：http：//msdn. microsoft. com/en – us/library/system. xml. xmlreader（v = vs. 80）. aspx.

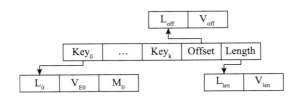

图 6—1　D2 - Index 主索引结构

在图 6—1 中，$Key_0, \cdots, Key_k$ 是节点的 D2 编码，其中每个 Key 是一个层标识符，其存储格式如 4.4.1 中所介绍的一样。Offset 是节点距离数据集起始位置的偏移量，Length 是节点在数据中的长度，它们的串行化方式都是长度—值配对法，这种方法在第五章第三节中也介绍过。在 C#的实现中，D2 - Index 主索引的类图如图 6—2 所示。

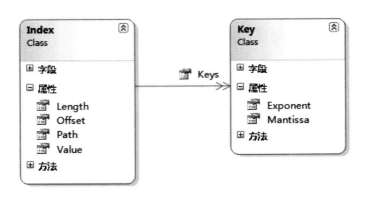

图 6—2　D2 - Index 主索引类图

从图 6—2 中，可以看出 Index 中还包括节点的路径信息 Path 以及值信息 Value，这是因为在 D2 - Index 策略中还要建立路径和值辅助索引，这部分内容将在本章第二节中进行详细介绍。

众所周知，对二进制数据直接按位进行比较，是最为快速便捷的方式。因此，如果知道节点的 D2 物理编码，那么可以快速地从主索引文件中找到该节点的索引，获得其偏移量和长度，并最终得到结果节点。但是，如果主索引文件太大，从中获取节点索引的过程就会较为漫长。此外，如果主索引文件作为单个的文件进行存储，那么如果数据发生变动，需要增加或删除节点的话，主索引文件就需要整体更新。由于本书的对象是完整的半结构化数据，不能像关系型数据库或者原生半结构化数据库那样，将半结构化数据拆分进行分页式的物理存储。因此，在 D2 – Index 索引策略中，是将主索引文件进行分块存储和维护，其存储方式如图6—3所示。

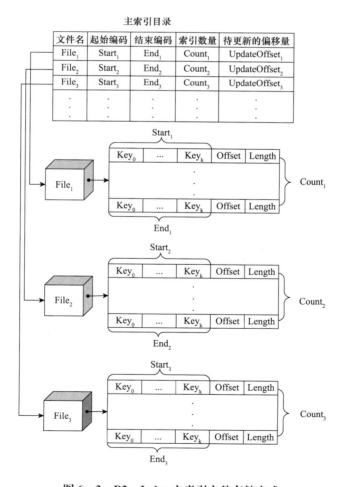

图6—3　**D2 – Index 主索引文件存储方式**

由图 6—3 可以看出，在 D2 – Index 索引策略中，主索引由 1 个主索引目录和多个存储相同数量主索引的文件组成，是一个多级索引。所谓多级索引，就是具有两层或两层以上的索引。[①] 其中，主索引目录是用于记录每个主索引文件的基本信息，包括文件名、文件的起始编码、文件的结束编码、文件中所存储的主索引的数量以及文件中所有主索引待更新的偏移量（该属性只在更新节点时才有意义，详细的作用将在第六章第二节中进行介绍）。每个主索引文件的这些信息，被称为 IndexFileInfo，其类图如 6—4 所示。此外，需要说明的是，在 D2 – Index 索引策略中，对于每个主索引文件存储主索引数目的数量，是可以进行设定的。

图 6—4　IndexFileInfo 类图

　　主索引目录的实质，就是存储所有主索引文件 IndexFileInfo 的顺序表。由于主索引目录的使用频率很高，所以在 D2 – Index 索引策略中，将其放入主存中，以提高读写的效率。此外，由于 XML 文档在序列化和反序列化方面有良好的性能，所以 D2 – Index 索引策略使用 XML 文档的形式存储主索引目录。图 6—5，就是一个主

---

①　Abraham Silberschatz, Henry F. Korth, S. Sudarshan：《数据库系统概念》，杨冬青、唐世渭译，机械工业出版社 2004 年版。

索引目录的实例。

```
<?xml version="1.0" encoding="utf-8"?>
<ArrayOfIndexFileInfo xmlns:xsi="http://www.w3.org/2001/XMLSchema-instance" xmlns:xsd="
http://www.w3.org/2001/XMLSchema">
  <IndexFileInfo>
    <FileName>0A87777A-A8EF-499D-AB95-8D0B68DE3A9A</FileName>
    <StartKey>3e</StartKey>
    <EndKey>3e05ffff3569177f</EndKey>
    <Count>8388608</Count>
    <OffsetNeedUpdate>0</OffsetNeedUpdate>
  </IndexFileInfo>
  <IndexFileInfo>
    <FileName>686CDFFA-39AB-45CE-BC0B-D3BCAEAD221F</FileName>
    <StartKey>3e05ffff3569157f</StartKey>
    <EndKey>3e05fffc5a3b137f</EndKey>
    <Count>8388608</Count>
    <OffsetNeedUpdate>0</OffsetNeedUpdate>
  </IndexFileInfo>
  <IndexFileInfo>
    <FileName>AF6A41C3-4FB7-4C6D-90C5-D4BE65C29BE9</FileName>
    <StartKey>3e05fffc5a397f</StartKey>
    <EndKey>3e05fff98b370faf</EndKey>
    <Count>8388608</Count>
    <OffsetNeedUpdate>0</OffsetNeedUpdate>
  </IndexFileInfo>
  <IndexFileInfo>
    <FileName>8BE0063C-FD8C-4BB3-875F-604B0FC79A3A</FileName>
    <StartKey>3e05fff98b370f6f</StartKey>
    <Count>4969079</Count>
    <OffsetNeedUpdate>0</OffsetNeedUpdate>
  </IndexFileInfo>
</ArrayOfIndexFileInfo>
```

图 6—5　D2 – Index 主索引目录示例

从图 6—5 中可以看出，所有主索引文件的 IndexFileInfo 在目录中，是按节点的 D2 编码值从小到大排列，即按文档序进行排列的。而且，所有主索引文件都是以 GUID（Globally Unique Identifier，全球唯一标识符）命名，这也有效地避免了主索引文件重名的情况。此外，在最后一个主索引文件的 IndexFileInfo 中，由于没有后续的主索引文件，所以无须再存储其结束编码 EndKey。

二　辅助索引

在关系型数据库中，只有主索引是不够的，通常需要借助辅助索引提高查询处理的效率。虽然在本书中，辅助索引的概念和关系型数据库有所不同，但其作用都是对主索引功能的强化和补充。

在参考文献［76］中，介绍了两种重要的半结构化数据辅助索引。

（1）元素和属性标签索引，支持通过元素或者属性的名称快速查找结果。

（2）元素和属性值索引。

根据 XPath 的语法标准，不难发现，其路径表达式所表达的限制条件主要分为三种：路径、值和文档序。其中，由于主索引本身就体现了文档序，所以本书在 D2－Index 索引策略中，建立两种辅助索引：路径索引和值索引。这两种辅助索引和参考文献［76］中的两种辅助索引并没有太大区别，因为路径索引和标签索引在本质上都是根据元素和属性在数据集中的结构关系建立的索引。

在 D2－Index 索引策略中，辅助索引可以被以下二元组定义描述。

定义 6—2　D2－Index 辅助索引

$< skey, IDs >$，其中：

● $skey$：是辅助索引的搜索码，在 D2－Index 索引策略中，它可以是一类节点的路径，也可以是一类值；

● IDs：满足搜索码 $skey$ 条件的所有节点的 D2 编码的集合，对于路径索引，就是路径为 $skey$ 的所有节点的 D2 编码的集合；对于值索引，就是值为 $skey$ 的所有元素和属性节点的 D2 编码的集合。

辅助索引的存储方式与主索引类似，是一个多级索引，由 1 个辅助索引目录和多个存储相同数量的辅助索引的文件组成。但是，由于辅助索引是根据搜索码对节点进行分类，因此辅助索引还有一个搜索码目录。在搜索码目录中，一个搜索码对应文件系统中的一个路径（可以是绝对路径，也可以是相对路径，本书中使用相对路径）。在该路径的文件夹中，又包括 1 个搜索码索引目录和多个

存储相同数量的符合该搜索码的辅助索引文件。图 6—6，描述了
D2 – Index 辅助索引文件的存储方式。

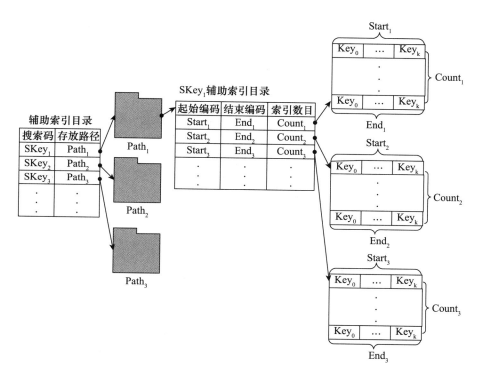

图 6—6　D2 – Index 辅助索引文件存储方式

在图 6—6 中，辅助索引目录存储的是所有的搜索码以及其所
对应的存放路径。在搜索码对应的路径中，存放了所有符合该搜索
码的节点的 D2 编码，也就是辅助索引文件。所有的辅助索引也和
主索引一样，采用分块的方式进行存储。因此，每个辅助索引的存
放路径内，也有一个辅助索引目录，形成一个多级索引，以提高辅
助索引的查询效率。

需要说明的是，辅助索引中，只存储节点的 D2 编码，而不存
储偏移量和长度。例 6—1，显示了一个完整的 D2 – Index 索引策略
的示例。

例6—1 对图6—7所显示的 XML 数据，建立 D2 – Index 索引。

```
<root>
    <a aa="1">
        <b>2</b>
        <b>3</b>
    </a>
    <a aa="2">
        <b>3</b>
    </a>
</root>
```

图6—7 XML 数据示例

为了更为直观地了解该 XML 数据的结构关系，图6—8 显示了对该数据中节点进行 D2 编码后的树状结构。

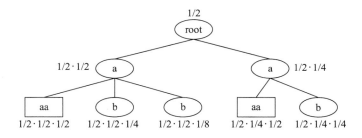

图6—8 XML 数据示例的 D2 编码树

首先，通过解析器，可以得到 XML 数据的节点信息。这里，我们使用一种关系型的节点表格来显示节点信息（表5-1），这种表格是 NODE 表的扩展和变形。NODE 表，是将 XML 的每一个节点数据拆分为表格中单独的一行[①]。根据 D2 – Index 索引策略中主

---

① P. Bohannon，J. Freire，P. Roy，J. Simeon，"From XML Schema to Relations：A Cost – Based Approach to XML Storage"，In：ICDE 2002. J. Shanmugasundaram，R. Krishnamurthy，I. Tatarinov，"A General Technique for Querying XML Documents Using a Relational Database System"，In：SIGMOD 2001. I. Tatarinov，S. Viglas，K. Beyer，J. Shanmugasundaram，E. Shekita，C. Zhang，"Storing and Querying Ordered XML Using a Relational Database System"，In：SIGMOD，2002.

索引的结构，表6—1加入了节点的偏移量和长度信息。

表6—1 **XML 数据拆分为关系型的节点表**

D2 编码	路径	节点类型	值	偏移量	长度
$\frac{1}{2}$	/root	元素	null	0	91
$\frac{1}{2}\cdot\frac{1}{2}$	/root/a	元素	null	9	41
$\frac{1}{2}\cdot\frac{1}{2}\cdot\frac{1}{2}$	/root/a/aa	属性	1	12	6
$\frac{1}{2}\cdot\frac{1}{2}\cdot\frac{1}{4}$	/root/a/b	元素	2	23	8
$\frac{1}{2}\cdot\frac{1}{2}\cdot\frac{1}{8}$	/root/a/b	元素	3	35	8
$\frac{1}{2}\cdot\frac{1}{4}$	/root/a	元素	null	53	29
$\frac{1}{2}\cdot\frac{1}{4}\cdot\frac{1}{2}$	/root/a/aa	属性	2	56	6
$\frac{1}{2}\cdot\frac{1}{4}\cdot\frac{1}{4}$	/root/a/b	元素	3	67	6

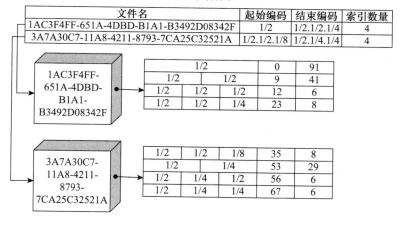

主索引目录

文件名	起始编码	结束编码	索引数量
1AC3F4FF-651A-4DBD-B1A1-B3492D08342F	1/2	1/2.1/2.1/4	4
3A7A30C7-11A8-4211-8793-7CA25C32521A	1/2.1/2.1/8	1/2.1/4.1/4	4

图6—9 **D2－Index 主索引示例**

其次，根据表6—1的节点信息对该 XML 数据建立主索引，结果如图6—9所示。需要说明的是，为了更好地显示主索引分块存储的方式，这里设置每个主索引文件所存储的主索引数量最大值为4。

最后，分别生成路径辅助索引（图6—10）和值辅助索引（图6—11），值得注意的是，每个搜索码的子索引目录也是以 GUID 命名的。

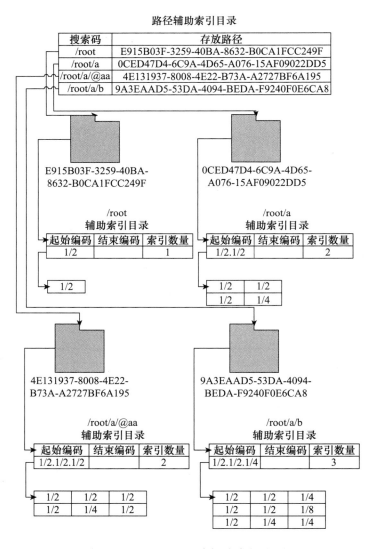

图 6—10 D2 – Index 路径辅助索引示例

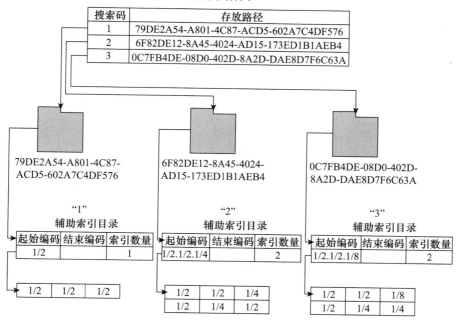

图6—11　D2－Index 值辅助索引示例

从图6—10 和图6—11 中可以看出，辅助索引也是按照文档顺序进行存储的，这样做的好处是，按照辅助索引从主索引文件中寻找节点主索引的过程，可以成为一种只进方式的搜索过程，提高了查询处理的效率。

三　索引的动态更新

当原始半结构化数据发生更新，即插入、删除和修改节点时，D2－Index 索引策略中的主索引必须要随着源数据的变化而动态更新，与此同时，辅助索引也有可能发生变化。

在第四章第二节中，已经对 D2 动态编码的原理进行详细的介绍，对半结构化数据的节点进行 D2 编码，可以有效地支持节点的动态更新。那么从节点编码的角度来看，在 D2 - Index 索引策略中，对半结构化数据进行插入操作时，不会影响到其他节点的编码信息，因此在主索引和辅助索引中，插入新增节点的编码，不会对已有节点进行重新编码。对于节点的删除，也不会影响其他节点的编码信息，只需要在主索引和辅助索引中删除该节点的相关信息，而且根据算法 6—2，删除的编码还可以留给未来插入节点时使用。对于节点的修改，由于其文档序没有发生变化，所以其节点的编码无须改变，但是如果其标签发生变化，那么其路径肯定会发生变化，对应的路径辅助索引就需要更新；如果其值发生了变化，那么对应的值辅助索引也需要发生变化。此外，如果更新的节点，对在其文档序之后的节点的偏移量发生了影响，那么需要对主索引中，该节点之后的其他主索引的偏移量进行批量修改。也正是因为如此，D2 - Index 的主索引采用分块存储的方式，这样在需要批量修改偏移量时，只需要将待更新的偏移量记录在主索引目录中对应 IndexFileInfo 的 OffsetNeedUpdate 中，就可以有效地避免对整个主索引进行更新操作。当源数据发生节点更新时，根据节点更新的方式——插入节点、删除节点、修改节点的值以及修改节点的标签，D2 - Index 索引策略有如下更新算法。

算法 6—1　D2 - Index 策略中主索引和辅助索引的插入算法

输入：待插入的索引 index，原主索引 PIndex，原路径辅助索引 PathIndex，原值辅助索引 ValueIndex

输出：更新后的主索引 PIndex，更新后的路径辅助索引 PathIndex，更新后的值辅助索引 ValueIndex

1. 根据 index 的节点 D2 物理编码 d，从 PIndex 的主索引目录中找到对应的子主索引文件 indexFile1 的 IndexFileInfo，使得其 $EndKey < d < StartKey$。

2. 在子主索引文件 indexFile1 中，根据 D2 物理编码，找到其应当插入的位置，将 index 插入至 indexFile1 中。

3. 由于有节点的插入，所以将 indexFile1 中插入位置之后的剩余主索引的偏移量需要增加 index 中插入节点的长度 Length，即 $Offset += index.Length$。

4. if indexFile1 的 IndexFileInfo. Count > D2 − Index 所设定的子索引文件所能存储的索引数量的最大值

1）将 indexFile1 进行拆分，起始索引不变，结束索引更改为 index。

2）新建子主索引文件 indexFile2，存储 indexFile1 中剩余的主索引。

3）将 indexFile1 的 IndexFileInfo 修改为：结束节点编码值为 index 的节点 D2 编码值，即 $EndKey = d$，且 Count 的值为拆分后 indexFile1 中主索引的数量。

4）在 PIndex 的主索引目录中，indexFile1 之后插入 indexFile2 的 IndexFileInfo，且根据 indexFile2 所存储的主索引信息，设置 StartKey、EndKey 和 Count。

5）更新 PIndex 的主索引目录中，indexFile2 之后所有子主索引文件的 IndexFileInfo，将它们的 OffsetNeedUpdate 设置为 $OffsetNeedUpdate += index.Length$。

5. else

1）更新 PIndex 的主索引目录中，indexFile1 之后所有子主索引文件的 IndexFileInfo，将它们的 OffsetNeedUpdate 设置为 $OffsetNeedUpdate += index.Length$。

6. 根据插入节点的路径信息 index. Path，更新路径辅助索引 PathIndex，其过程类似步骤 1 − 5。

7. if 插入的节点有值

1）根据插入节点的值信息 index. Value，更新值辅助索引 ValueIndex，其过程类似步骤 1 – 5。

算法 6—2　插入节点时 D2 – Index 索引更新算法

输入：待插入的节点 node，原主索引 PIndex，原路径辅助索引 PathIndex，原值辅助索引 ValueIndex

输出：更新后的主索引 PIndex，更新后的路径辅助索引 PathIndex，更新后的值辅助索引 ValueIndex

1. 根据插入节点的位置，由算法 6—2 生成节点 node 的 D2 编码 d。

2. 创建新的主索引实例 index，令其 D2 编码值为 d，偏移量为源数据中的插入位置，长度为插入节点 node 的长度。

3. 调用算法 6—1，插入索引 index，并更新主索引 PIndex，路径辅助索引 PathIndex，值辅助索引 ValueIndex。

算法 6—3　D2 – Index 策略中主索引和辅助索引的删除算法

输入：待删除的索引 index，原主索引 PIndex，原路径辅助索引 PathIndex，原值辅助索引 ValueIndex

输出：更新后的主索引 PIndex，路径辅助索引 PathIndex，值辅助索引 ValueIndex

1. 根据 index 的节点 D2 物理编码 d，从 PIndex 的主索引目录中找到对应的子主索引文件 indexFile 的 IndexFileInfo，使得其 $EndKey < d < StartKey$。

2. if 在 indexFile 的 IndexFileInfo 中，索引数量 Count = =1，

1）删除 indexFile。

2）从 PIndex 的主索引目录中删除 indexFile 的 IndexFileInfo。

3. else

1）在子主索引文件 indexFile 中，根据 D2 物理编码 d，找到索引 index 的位置，并将其从 indexFile 中删除。

2）更新 indexFile 的 IndexFileInfo，由于删除了一个主索引，所

以所存储的索引数量 Count − −。

1. if index 的 D2 编码是 indexFile 的结束编码，即 $d = = IndexFileInfo.EndKey$

1）将 indexFile 的结束编码 $IndexFileInfo.EndKey$ 设置为 index 之前索引的 D2 编码。

2. else

1）if index 的 D2 编码是 indexFile 的起始编码，即 $d = = IndexFileInfo.StartKey$

a）将 indexFile 的起始编码 $IndexFileInfo.StartKey$ 设置为 index 之后索引的 D2 编码。

b）将在 indexFile 中位于 index 之后的所有主索引的偏移量减少 index 的长度 Length，即 $Offset − = index.Length$。

c）更新 PIndex 的主索引目录中，indexFile 之后所有子主索引文件的 IndexFileInfo，将它们的 OffsetNeedUpdate 设置为 $OffsetNeedUpdate − = index.Length$。

d）根据删除节点的路径信息 index.Path，更新路径辅助索引 PathIndex，其过程类似步骤 1—4。

2）if 删除的节点有值

a）根据删除节点的值信息 index.Value，更新值辅助索引 ValueIndex，其过程类似步骤 1—4。

算法 6—4 删除节点时 D2 − Index 索引更新算法

输入：待删除的节点 node，原主索引 PIndex，原路径辅助索引 PathIndex，原值辅助索引 ValueIndex

输出：更新后的主索引 PIndex，更新后的路径辅助索引 PathIndex，更新后的值辅助索引 ValueIndex

1. if 节点 node 有子节点

1）foreach n in node 的子节点

1. 调用算法 6—4，删除节点 n。

2. 根据删除节点 node 的主索引 index，调用算法 6—3，删除 index，并更新主索引 PIndex，路径辅助索引 PathIndex，值辅助索引 ValueIndex。

算法 6—5　D2－Index 策略中修改主索引长度值（Index.Length）算法

输入：主索引的 D2 物理编码 d，主索引长度值的变化量 l（非 0 整数，负整数表示主索引长度值减小，正整数表示主索引长度值增大），原主索引 PIndex

输出：更新后的主索引 PIndex

1. 根据主索引 D2 物理编码 d，从 PIndex 的主索引目录中找到对应的子主索引文件 indexFile 的 IndexFileInfo，使得其 $EndKey < d < StartKey$。

2. 在子主索引文件 indexFile 中，根据 D2 物理编码，找到该主索引 index，将 index 的长度修改为 $index.\ Length + = l$。

3. 将 indexFile 子索引文件中，修改位于该主索引之后的所有主索引的偏移量：$Offset + = l$。

4. 更新 PIndex 的主索引目录中 indexFile 之后所有子主索引文件的 IndexFileInfo，将它们的 OffsetNeedUpdate 设置为 $OffsetNeedUpdate + = l$。

算法 6—6　修改节点的值时 D2－Index 索引更新算法

输入：待修改的节点 node 以及需要修改的值 value，原主索引 PIndex，原值辅助索引 ValueIndex

输出：更新后的主索引 PIndex，值辅助索引 ValueIndex

1. if 修改值后节点 node 的长度发生了变化。

1）根据节点 node 主索引的 D2 物理编码，以及长度变化值，调用算法 6—5 修改主索引的长度值，并更新主索引 PIndex。

2. 在值辅助索引 ValueIndex 中，找到原值的所属子辅助索引。

3. 根据节点 node 主索引的 D2 物理编码，根据算法 6—3 删除原值辅助索引。

4. 在辅助索引 ValueIndex 中，找到修改后的值所属的子辅助索引。

5. 根据节点 node 主索引的 D2 物理编码，根据算法 6—1 插入修改后的值辅助索引。

算法 6—7　修改节点的路径时 D2 - Index 索引更新算法

输入：待修改的节点 node 以及修改后的路径 path，原主索引 PIndex，原路径辅助索引 PathIndex

输出：更新后的主索引 PIndex，更新后的路径辅助索引 PathIndex

1. if 节点 node 是叶节点。

1）if 修改标签后，节点 node 的长度发生了变化。

a）根据节点 node 主索引的 D2 物理编码，以及长度变化值，调用算法 6—5 更新主索引 PIndex。

b）在路径辅助索引 PathIndex 中，找到原路径的子辅助索引。

c）根据节点 node 主索引的 D2 物理编码，根据算法 6—3 删除原路径辅助索引。

d）在路径辅助索引 PathIndex 中，找到修改后的路径的子辅助索引。

e）根据节点 node 主索引的 D2 物理编码，根据算法 6—1 插入修改后的路径辅助索引。

2）foreach n in node 的子节点

a）调用算法 6—7，修改节点 n 的路径，并更新其路径辅助索引。

从以上 D2 - Index 索引策略的更新算法可以看出，无论是主索引还是辅助索引，都采用分块存储索引文件。这是因为，当某个节点发生更新时，后续节点的偏移量可能会发生变化，而采取分块存储的方式，可以只对更新节点的索引所在的子索引文件进行更新，而不用对后续所有的索引依次进行更新。对于其他子索引文件，通过索引文件在目录中的 IndexFileInfo 信息，暂时保存整个文件中所有索引需要更新的偏移量，在该文件加载入内存时，再对文件中的所有索引进行统一的偏移量更新，这样可以有效地减少更新索引文件的频率。

第二节　基于 D2 – Index 索引策略的查询处理

对大规模半结构化数据进行查询处理的有两种描述方式：数据库角度的查询方式（Query）和信息检索角度的查询方式（Information Retrieval)[①]。本书的研究讨论的是前一种，基于数据库方式的大规模半结构化数据的查询处理。目前，对于半结构化数据的查询应用最为广泛的方法，是在关系型数据库中存储半结构化数据。但是，这种方式的缺点是，需要将半结构化数据导入关系型数据库，如果是大规模的数据，就会耗费大量的导入时间，而且由于其存储方式依赖于关系型数据库的，灵活性有所欠缺，且不适用于以文档为中心的半结构化数据。本书在 D2 – Index 索引策略的基础上，提出一种新的查询处理方式。

一　查询语言

在半结构化数据查询处理中，由于半结构化数据具有一定的模

---

① Mannning C. D. , Raghavan P. , Schutze H. Introduction to Information Retrieval [EB/OL]. A-vailable at: http: //www – csl. istanford. edu/ ~ hinrich/information – retrieval – book. html.

式，因此可以利用数据中的结构关系，查询出更为准确的内容。这种结构关系可以通过适当的方式，加入半结构化数据查询语言中，使用者可以直接利用数据的模式进行查询。根据是否加入结构限制条件，可以将半结构化数据查询语言分为 CO（Content – Only，纯内容）和 CAS（Content And Structure，内容及结构）两大类。[①]

CO 是传统信息检索中的标准语言，使用者可以在不了解或不关心半结构化数据的环境下使用该语言，其不足之处在于只能从内容上进行查询条件的限定，无法体现半结构化数据的结构特征，比较具有代表性的有 XRANK[②]、XKSearch[③] 和 NEXI[④]。

CAS 查询语言可以从内容和结构上对查询条件进行限定，结构限定条件既可以指定在特定的路径中查找，也可以指定返回结果的类型。可以看出，使用 CAS 查询语言的前提是，需要知道源文件的结构特征，才能构造出特定的路径表达式。在本书中，结构信息的获取方式，是通过第三章所介绍的 XTree 算法提取的源文件的模式。CAS 查询语言可以分为 3 类[⑤]。

（1）基于标签的查询，允许在查询语句中指定标签名，从而返回符合标签名的元素，如 XSEarh[⑥]；

（2）基于路径的查询，该类语言往往是基于 XPath 定义的，例

①　刘丹、孔少华、陆伟：《XML 检索研究综述》，《现代图书情报技术》2010 年第 4 期。

②　Guo L., Shao F., Botev C.,"XRANK：Ranked Keyword Search over XML Documents", In：Proceedings of the 22nd ACM International Conference on Management of Data, 2003, pp. 16 – 27.

③　Xu Y., Papakonstantinou Y.,"Efficient Keyword Search for Smallest LCAs in XML Databases", In：Proceedings of the 24th ACM International Conference on Management of Data, Baltimore, Maryland. New York, NY, USA：ACM, 2005, pp. 527 – 538.

④　Trotman A., Sigurbj Êrnsson B.,"Narrowed Extended XPath I（NEXI）", In：Proceedings of the 3rd Initiative on the Evaluation of XML Retrieval Workshop. Berlin：Springer, 2005, pp. 16 – 40.

⑤　Amer – Yahia S., Lalmas M.,"XML Search：Languages, INEX and Scoring", In：Proceedings of the 25th ACM International Conference on Management of Data, 2006, pp. 16 – 23.

⑥　Cohen S., Mamou J., Kanza Y.,"XSEarch：A Semantic Search Engine for XML", In：Proceedings of the 29th ACM International Conference on Very Large Data Bases, 2003, pp. 45 – 56.

如，XIRQL①、XXL②、FlexPath③ 以及 NEXI 的 CAS 查询④；

（3）基于从句的查询，该类语言使用嵌套的从句来表达查询条件，类似于 SQL 语言，如 XQuery、XQuery Full – Text⑤。

实际上，（2）和（3）通常被认为是同一类型的，只是（2）不支持查询语句的嵌套。本书所介绍的基于 D2 – Index 索引策略的查询处理所使用的语言，属于 CAS 语言中的第二类，其语法定义完全遵循 XPath。

根据第三章第一节对 XPath 的介绍，本书所采用的 CAS 查询语言可被定义为如下三元组。

定义 6—3　基于 XPath 的 CAS 查询语言

$< /, tag, predicate >$，其中：

● 符号 / ：类似于文件系统中的路径表达式，是路径分隔符，表达路径中的层次关系。具体地，以 "/" 开始的查询语句代表的是绝对路径，以 "//" 开始的查询语句代表整个文档满足条件的所有节点，不以 "/" 开始的查询语句是相对路径。

● tag ：是半结构化数据中节点的标签，其中属性节点的 tag 是 "@名称"，元素节点就是其名称；

● $predicate$ ：是谓语限定表达式，其既可以是完整的表达式，

① Fuhr N., Gro – johann K., "XIRQL: A Query Language for Information Retrieval in XML Documents", In: Proceedings of the 24th Annual International ACM SIGIR Conference, 2001, pp. 172 – 180.

② Theobald A., Weikum G., "The Index – based XXL Search Engine for Querying XML Data with Relevance Ranking", In: Proceedings of the 8th International Conference on Extending Database Technology, 2002, pp. 311 – 340.

③ Amer – Yahia S., Lakshmanan L., Pandit S., "FleXPath: Flexible Structure and Full – text Querying for XML", In: Proceedings of the 23rd ACM International Conference on Management of Data, 2004, pp. 83 – 94.

④ Trotman A., Sigurbj Êrnsson B., "Narrowed Extended XPath I (NEXI)", In: Proceedings of the 3rd Initiative on the Evaluation of XML Retrieval Workshop. Berlin: Springer, 2005, pp. 16 – 40.

⑤ W3C. XQuery and XPath Full Text 1.0 [EB/OL]. Available at: http://www.w3.org/TR/xpath – full – text – 10/.

用于对节点值进行限定，也可以是正整数，用于对节点的文档序进行限定。$predicate$ 不能单独出现在查询表达式中，其必须和 tag 一起出现，且出现的形式为 $tag[predicate]$。

　　一个符合 XPath 的 CAS 查询语句，应当遵循正则表达式："$/?$ $(/tag[predicate]?)+$"。其中，本书将正则表达式为 "$/?(/tag)$ $+[predicate]?$" 的查询语句，定义为基本的 XPath 的 CAS 查询语句，简称 BXCAS（Basic XPath Content And Structure）。可以看出，BXCAS 的最大特点在于，路径表达式中的谓语只能出现在最后一个标签之后。在本书的查询处理中，只有 BXCAS 的查询语句才能被识别。原因是，在 D2 – Index 索引策略中对路径和值建立了辅助索引，因此可以直接查询符合某个路径的节点集合，等于某个值的节点集合，以及既符合某个路径又等于某个值的节点集合，而不能直接查询出含有多个谓语的 CAS 查询语句。如果输入的查询语句包含多个谓语，那么必须要将其拆分化简为多个 BXCAS，这将在下节中进行讨论。

二　查询器

　　本书提出的基于 D2 – Index 索引策略的查询处理中，查询器是由语法校验模块（Check Module）、查询语句拆分模块（Split Module）、查询执行模块（Query Module）、半结构化数据解析器（Parser）以及返回结果模块（Result Module）组成，其整体结构图如图 6—12 所示。

　　从图 6—12 可以看出，在本书中查询器的输入是基于 XPath 的 CAS 查询语言，查询的数据源是 XML 文档，输出是 XML 片段。整个查询器由 5 个模块组成，其中：

　　（1）语法校验模块（Check Module）。检验所输入的查询语句是否符合定义 6—1，基于 XPath 的 CAS 查询语句的正则表达式定

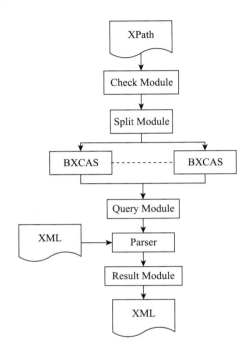

图 6—12   基于 D2 – Index 索引策略的查询处理结构图

义："$/?(/tag[predicate])+$"。

（2）查询语句拆分模块（Split Module）。经过语法校验模块的查询语句，会被传送至查询语句拆分模块，经过此模块的拆分处理，不符合正则表达式 $?(/tag)+[predicate]?$ 的查询语句，都将会被拆分为多个 BXCAS，而且拆分的结果根据路径表达式从左到右的次序，具有先后顺序。例如，"$/a/b[c=2]/d[e="E"]$" 的查询语句，将会被拆分为 2 个 BXCAS "$/a/b[c=2]$" 和 "$/a/b/d[e="E"]$"。"

（3）查询执行模块（Query Module）。接收一个或多个 BXCAS，并按顺序查询每个 BXCAS。仍以（2）中的例子继续，查询执行模块接收 "$/a/b[c=2]$" 和 "$/a/b/d[e="E"]$"。首先，查询/a/b[c=2]，找出路径辅助索引 "$/a/b/c$" 和值索引辅助索引

"2"的交集。由于此集合实际是符合路径为"/a/b［c=2］/c"节点的 D2 编码集合，因此还要对此集合做进一步处理，删除集合中每个编码的最后一个层标识，就可得到"/a/b［c=2］"节点的 D2 编码集合。同理，在查询"/a/b/d［e="E"］"时，也是要通过找出路径辅助索引"/a/b/d/e"和值索引辅助索引"E"的交集。所不同的是，此查询过程是以"/a/b［c=2］"节点的 D2 编码集合为基础的，也就是说要在路径辅助索引和值辅助索引中过滤出满足前缀属于"/a/b［c=2］"节点的 D2 编码集合中的索引，而不是所有的索引。最后，根据所得到的 D2 编码集合，从主索引中获取相关节点的偏移量和长度。具体的查询执行算法，将在下文给出。

（4）半结构化数据解析器（Parser）。根据查询执行模块传递的偏移量和长度，利用专门的解析器从半结构化数据集中获取节点的文档片段。在本书中，仍然使用 XmlReader 作为解析器。

（5）返回结果模块（Result Module）。以异步的方式返回查询处理得到的文档片段。使用异步的好处是，占用内存少，而且当使用者已经得到想要的查询结果时，可以终止结果的输出。本书是采用 . NET Framework 中事件委托（EventHandler）① 的方式，实现结果的异步返回。

在查询器的 5 个模块中，最核心的模块就是查询执行模块（Query Module），其基本功能就是根据 BXCAS，从路径辅助索引和值辅助索引中，查找到符合查询条件的节点的 D2 物理编值，再从主索引中获取其在源数据中的偏移量和长度。其查找算法如下。

算法 6—8　BXCAS 语句查询处理算法

输入：BXCAS 语句 query：string，主索引 PIndex，路径辅助索

---

① MSDN. EventHandler 委托［EB/OL］. Available at：http：//msdn. microsoft. com/zh－cn/library/system. eventhandler（v=vs. 110）. aspx.

引 PathIndex，值辅助索引 ValueIndex

输出：符合查询条件的节点在源数据中位置信息的集合 position：Dictionary ＜ long，long ＞

1. 令 i ＝ query. IndexOf（"［"）

2. 令 order ＝0//用于记录谓语中对文档序的限定信息

3. 令 pindex ＝ new List ＜ string ＞（）//用于记录从辅助索引中查找到的节点的 D2 物理编码

4. ifi ＞0//即 BXCAS 语句 query 中包括谓语

a）令 path ＝ query. Substring（0，i ＋1）//即 path 为 query 中的路径信息

b）令 predicate ＝ query. Substring（i ＋1，query. Length － i －1）//即 path 为 query 中 "［］" 内的谓语限定信息

c）令 j ＝ predicate. IndexOf（"＝"）

d）if j ＞0//即谓语中包含了对元素或属性值的限定

1. path ＋＝ "/" ＋ predicate. Substring（0，j －1）//即将谓语中的元素或属性标签添加进 path 中

2. 令 value ＝ predicate. Substring（j －1）//即谓语中的值

3. if value. Contains（"'"）‖ value. Contains（"""）

1. value ＝ value. Substring（1，value. Length － 2）//去掉 value 中的单引号或双引号

4. 从值辅助索引 ValueIndex 的目录中找到值 value 所对应的辅助索引文件 ValueFile，其可能是一个文件也可能是多个文件

e）else//谓语中不包含了对元素或属性值的限定，即谓语只对文档序进行限定

5. order ＝（long）predicate

5. 从路径辅助索引 PathIndex 的目录中找到路径 path 所对应的辅助索引文件 PathFile，其可能是一个文件也可能是多个文件

6. if order > 0//谓语为文档序

f）从 PathFile 中找到第 order 个 D2 物理编码 d

g）pindex. Add（d）

7. else//谓语为值限定信息

h）找出路径辅助索引文件 PathIndex 和值辅助索引 ValueIndex 的交集 indexs

i）foreach index in indexs

6. 删除 index 中的最后一个层标示

7. pindex. Add（indexs）

8. foreach d in pindex

j）根据 D2 物理编码值 d，从主索引 PIndex 中找到对应的主索引信息 index

k）position. Add（index. Offset，index. Length）

9. return position

根据算法 6—8，以图 6—7 中的 XML 文档片段为源数据，根据其 D2 – Index 索引策略（主索引如图 6—9，路径辅助索引如图 6—10，值辅助索引如图 6—11），通过下例阐述基于 D2 – Index 索引策略的查询处理 BXCAS 语句的过程。

例 6—2　从图 6—8 的 XML 文档片段中，查找符合 "/root/a [@ aa = 2]" BXCAS 语句的节点，具体的查询过程及结果如图 6—13 所示。

第三节　实证研究

本节将通过实验展示使用 D2 编码方案对大规模半结构化数据建立 D2 – Index 索引策略，以及基于 D2 – Index 索引策略的查询处

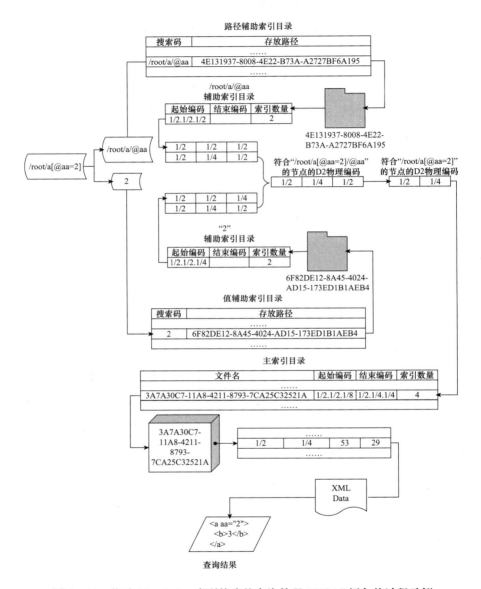

图6—13　基于D2－Index索引策略的查询处理BXCAS语句的过程示例

理。此实验的环境与第四章第四节中的实验基本一致。

第一个实验，是使用 D2 编码方案对大规模半结构化数据建立 D2－Index 索引策略，包括主索引、路径辅助索引和值辅助索引。

本实验的数据均是来自 XML Data Repository 的 XML 文档，和第五章第四节所用实验数据一致，其具体信息如表6—2所示。

表6—2 　　　　　　　　　实验所用数据的基本信息

文件名	文件大小	元素数量	属性数量	最大深度	平均深度
SigmodRecord	467K	11526	3737	6	5.14107
nasa	23.8M	476646	56317	8	5.58314
treebank_ e	82M	2437666	1	36	7.87279
SwissProt	109M	2977031	2189859	5	3.55671
dblp	127M	24032673	6102230	6	2.90228

实验主要考察 D2 – Index 索引策略所建立索引文件（包括主索引、路径辅助索引，以及值辅助索引）的总大小，以及和源文件相比的膨胀比，实验结果如表6—3所示。

表6—3 　　　　　使用 D2 – Index 索引策略建立索引的实验结果

文件名	索引文件大小	膨胀比
SigmodRecord	384K	0.82
nasa	11.6M	0.49
treebank_ e	293M	3.57
SwissProt	100M	0.92
dblp	75.5M	0.59

从表6—3的实验结果可以看出，索引文件的大小虽然和 XML 文档大小有关，但是受文档深度的影响显然更为明显。此外，索引文件的膨胀比和 XML 文件的大小以及节点数目并没有直接关系，而是和 XML 文档的深度有关系，随着深度的增加，膨胀比呈明显的上升趋势。

第二个实验，是使用基于 D2 – Index 索引策略的查询处理，对 dblp 文档进行查询。表 6—4 显示了实验结果，包括查询处理后返回结果所花费的时间以及结果的个数。本实验所输入的查询语句，包括无谓语且返回节点类型分别为元素和属性的 XPath，谓语为文档序的 XPath，以及谓语为表达式的 XPath，可以较为全面地考察查询处理的性能。

表 6—4　　使用基于 D2-Index 索引策略的查询处理的实验结果

查询语句	数量	时间
/dblp/book/@ key	845	15.7s
/dblp/article/title/sub/sup/i	1	28.5s
/dblp/book［300］	1	19.1s
/dblp/article［author =" Frank Manola"］	22	37.2s

在使用基于 D2 – Index 索引策略的查询处理的实验中，所得的实验结果与文档中的实际内容一致。此外，查询处理所花费的时间与符合条件的节点数量无关，而是和查询语句所表达的路径的深度有关。而且包含谓语，尤其是包含表达式限定条件的查询语句，其处理过程所耗费的时间更长。

第四节　小结

本章介绍了大规模半结构化数据的索引技术和查询处理的相关概念，并根据相关研究成果，提出一个高效的半结构化数据查询处理方案，应该基于一套完整的索引策略，并支持结构化查询，即通过 XPath 等路径表达式，可以准确快速地找到所需要的节点。

本书在综合考虑目前已有的关系型数据库和大规模半结构化数据的索引技术的优缺点之后，提出一套完整的索引方案——D2 - Index 索引策略，能够支持高效的查询处理。它并不只使用了一种单一的索引技术，而是参考和借鉴了多种技术，如节点编码索引、结构索引和倒排索引等。D2 - Index 索引策略，包括主索引、路径辅助索引和值辅助索引，这三种索引都采用分块存储的方式提高索引的查找和修改效率。此外，在 D2 编码的基础上，D2 - Index 索引策略可以有效地支持节点的动态更新。

根据目前对于大规模半结构化数据查询处理的研究，本书提出一种以 D2 - Index 索引策略为基础，基于 XPath 表达式的 CAS 查询处理。这种查询处理，将输入的合法 CAS 语句拆分为多个 BXCAS 语句，再对拆分的语句进行顺序处理。根据 D2 - Index 策略中的路径和值辅助索引，获取符合查询条件的节点的 D2 物理编码，再从主索引中获知其在源数据中的位置信息，最终以异步的方式输出结果。

最后，通过实验分析证明，D2 - Index 索引策略可以有效地对大规模半结构化数据建立索引，而且在索引文件的膨胀比等方面具有良好的性能。此外，实验结果还显示，索引文件的大小以及索引文件的膨胀比，和 XML 文档的深度有紧密联系，即随着深度的增加，索引大小和膨胀比呈明显的上升趋势。在基于 D2 - Index 索引策略的查询处理的实验中，输入四种不同类型的 XPath 查询语句，所得查询结果与源数据的实际内容一致。而且实验结果还显示，查询处理所花费的时间与符合条件的结果数量无关，而是和查询语句所表达的路径的深度有关。其中，包含谓语，尤其是包含表达式限定条件的查询语句，其处理过程所耗费的时间，明显比简单的无谓语查询语句更长。

此外，D2 - Index 索引策略以及基于 D2 - Index 索引策略的查询处理也有以下不足之处。

（1）D2 – Index 索引策略，仅建立了路径和值辅助索引，未建立基于关键字（词）的全文索引。

（2）D2 – Index 索引策略，采用分块存储索引文件的方法提高索引动态更新的效率，但是其更新过程并非实时的，而是具有一定的滞后性。

（3）基于 D2 – Index 索引策略的查询处理，只能处理 BXCAS 语句，在处理复杂的 CAS 语句时，必须对其进行语句拆分，并进行组合查询，否则影响查询效率。

第七章

半结构化数据与大数据

大数据具有规模大、种类多、生成速度快、价值巨大但密度低的特点。大数据应用，就是利用数据分析的方法，从大数据中挖掘有效信息，为用户提供辅助决策，实现大数据价值的过程。本章主要介绍了大数据分析方法、分析模式以及常用的分析工具，将大数据应用归纳为 6 个关键领域——结构化数据分析、文本分析、Web分析、多媒体分析、社交网络分析和移动分析，并列举了 6 个大数据的典型应用。最后，本章从基础理论、关键技术、应用实践以及数据安全 4 个方面总结了大数据的研究现状，并对大数据应用未来的研究进行展望。

第一节　大数据时代来临

在过去的 20 年中，各个领域都出现了大规模的数据增长，包括医疗保健和科学传感器、用户生成数据、互联网和金融公司、供应链系统等。据国际数据公司（IDC）报告称[1]，2011 年全球被创建和复制的数据总量为 1.8ZB（1ZB（泽字节）$\approx 10^{21}$ B），在短短

---

[1]　J. Gantz and D. Reinsel，"Extracting value from chaos"，IDC iView，pp. 1 - 12，2011.

5 年间增长了近 9 倍，而且预计这一数字将每两年至少翻一倍。大数据这一术语正是产生在全球数据爆炸式增长的背景下，用来形容庞大的数据集合。与传统的数据集合相比，大数据通常包含大量的非结构化数据，且大数据需要更多的实时分析。此外，大数据还为挖掘隐藏的价值带来了新的机遇，同时也给我们带来了新的挑战，即如何有效地组织管理这些数据。如今，工业界、研究界甚至政府部门都对大数据这一研究领域产生了巨大的兴趣。例如，我们经常在公共媒体领域听到大数据这一话题，包括《经济学人》① 《纽约时报》② 《全国公共广播电台》③。《自然》和《科学》杂志也分别开放了特殊专栏，来讨论大数据带来的挑战和重要性④。政府机构最近也宣布了一项加快大数据分析进程的重大计划⑤，各行各业也都在积极讨论大数据的吸引力。⑥

随着网络的快速发展，索引和查询的内容也在迅速增加，搜索

① K. Cukier, "Data, data everywhere", The economist, Vol. 394, No. 8671, pp. 3 – 16, (2011, Nov.) Drowning in numbers – digital data will flood the planet – and help us understand it better. The economist. [Online]. Available：http：//www. economist. com/blogs/dailychart/2011/11/big-data – 0.

② S. Lohr, "The age of big data", New York Times, Vol. 11, 2012.

③ Y. Noguchi, "Following digital breadcrumbs to big data gold", National Public Radio, Nov. 2011. [Online]. Available：http：//www. npr. org/2011/11/29/142521910/thedigitalbread-crumbs – that – lead – to – big – data N. Noguchi, "The search for analysts to make sense of big data," National Public Radio, Nov. 2011. [Online]. Available：http：//www. npr. org/2011/11/30/142893065/the – searchforanalysts – to – make – sense – of – big – data.

④ (2008) Big data. Nature. [Online]. Available：http：//www. nature. com/news/specials/big-data/index. html. (2011) Special online collection：Dealing with big data. Scinece. [Online]. Available：http：//www. sciencemag. org/site/special/data/.

⑤ (2012) Fact sheet：Big data across the federal government. [Online]. Available：http：//www. whitehouse. gov/sites/default/files/microsites/ostp/big data fact sheet 3 29 2012. pdf.

⑥ J. Manyika, M. Chui, B. Brown, J. Bughin, R. Dobbs, C. Roxburgh, and A. H. Byers, "Big data：The next frontier for innovation, competition, and productivity", McKinsey Global Institute, pp. 1 – 137, 2011.

公司也面对大数据带来的挑战。谷歌创建了谷歌文件系统（GFS）[①]
和 MapReduce 编程模型[②]来应对网络规模的数据管理和分析所带来
的挑战。此外，用户生成数据，各种传感器和其他的数据源也助长
了这种势不可当的数据流，这就需要对计算架构和大规模数据处理
机制进行一次根本的转变。2007 年 1 月，吉姆·格雷（Jim
Gray）——数据库软件的先驱，将这种转变称为"第四范式"[③]
（表 7—1，显示了科学发现的四种范式）。他还认为，应对这种范
式的唯一方法就是开发新一代的计算工具，用以对海量数据进行管
理、可视化和分析。2011 年 6 月，EMC/IDC 发表了一篇题为《从
混沌中提取价值》的研究报告，[④] 首次对大数据的概念和其潜在性
进行了探讨。

表 7—1　　　　　　　　　　科学发现的四种范式

科学范式	时间	方法
实证	一千多年前	描述自然现象
理论	过去数百年	使用模型、概括
计算	过去几十年	模拟复杂的现象
数据探索 （eScience）	如今	使用工具采集数据，使用模拟器生成数据； 使用软件处理数据； 利用计算机存储信息； 分析数据

---

① S. Ghemawat, H. Gobioff, and S. - T. Leung, "The google file system", In: Proceedings of the nineteenth ACM symposium on operating systems principles, 2003, pp. 29 – 43.

② J. Dean and S. Ghemawat, "Mapreduce: simplified data processing on large clusters", Commun. ACM, Vol. 51, No. 1, pp. 107 – 113, 2008.

③ A. J. Hey, S. Tansley, K. M. Tolle et al., "The fourth paradigm: dataintensive scientific discovery", 2009.

④ J. Gantz and D. Reinsel, "Extracting value from chaos", IDC iView, pp. 1 – 12, 2011.

第二节　大数据基础

一　大数据的定义

目前，虽然大数据的重要性得到了大家的一致认同，但是关于大数据的定义却众说纷纭。大数据是一个抽象的概念，除去数据量庞大，大数据还有一些其他的特征，这些特征决定了大数据与"海量数据"和"非常大的数据"这些概念之间存在不同。一般意义上讲，大数据是指无法在有限时间内用传统 IT 技术和软硬件工具对其进行感知、获取、管理、处理和服务的数据集合。科技企业、研究学者、数据分析师和技术顾问们，由于各自的关注点不同，对于大数据有着不同的定义。通过以下定义，或许可以帮助我们更好地理解大数据在社会、经济和技术等方面的深刻内涵。

2010 年 Apache Hadoop 组织将大数据定义为："普通的计算机软件无法在可接受的时间范围内捕捉、管理、处理的规模庞大的数据集。"在此定义的基础上，2011 年 5 月，全球著名咨询机构麦肯锡公司发布了《大数据：下一个创新、竞争和生产力的前沿》，在报告中对大数据的定义进行了扩充。大数据是指其大小超出了典型数据库软件的采集、存储、管理和分析等能力的数据集。该定义有两方面内涵：一是符合大数据标准的数据集大小是变化的，会随着时间推移、技术进步而增长；二是不同部门符合大数据标准的数据集大小会存在差别。目前，大数据的一般范围是从几个 TB 到数个 PB（数千 TB)[①]。根据麦肯锡的定义可以看出，数据集的大小并不是大数据的唯一标准，数据规模不断增长，以及无法依靠传统的数

[①] S. Ghemawat, H. Gobioff, and S. - T. Leung, "The google file system", In: Proceedings of the nineteenth ACM symposium on operating systems principles, 2003, pp. 29 - 43.

据库技术进行管理，也是大数据的两个重要特征。

其实，早在 2001 年，就出现了关于大数据的定义。META 集团（现为 Gartner）的分析师道格·莱尼（Doug Laney）在研究报告中，将数据增长带来的挑战和机遇定义为三维式，即数量（Volume）、速度（Velocity）和种类（Variety）的增加。① 虽然这一描述最先并不是用来定义大数据的，但是 Gartner 和许多企业，其中包括 IBM② 和微软③，在此后的 10 年间仍然使用这个"3Vs"模型来描述大数据④。数量，意味着生成和收集大量的数据，数据规模日趋庞大；速度，是指大数据的时效性，数据的采集和分析等过程必须迅速及时，从而最大化地利用大数据的商业价值；种类，表示数据的类型繁多，不仅包含传统的结构化数据，更多的则是音频、视频、网页、文本等半结构和非结构化数据。

但是，也有一些不同的意见，大数据及其研究领域极具影响力的领导者的国际数据公司（IDC）就是其中之一。2011 年，在该公司发布的报告中（由 EMC 主办）⑤，大数据被定义为："大数据技术描述了新一代的技术和架构体系，通过高速采集、发现或分析，提取各种各样的大量数据的经济价值。"从这一定义来看，大数据的特点可以总结为 4 个 V，即 Volume（体量浩大）、Variety（模态繁多）、Velocity（生成快速）和 Value（价值巨大但密度很低），如图 7—1 所示。这种 4Vs 定义得到了广泛的认同，3Vs 是一种较为专

---

① D. Laney, "3d data management: Controlling data volume, velocity and variety", Gartne, Tech. Rep., Feb. 2001.

② P. Zikopoulos, C. Eaton et al., Understanding big data: Analytics for enterprise class hadoop and streaming data. McGraw – Hill Osborne Media, 2011.

③ E. Meijer, "The world according to linq", Commun. ACM, Vol. 54, No. 10, pp. 45 – 51, 2011.

④ B. Mark, "Gartner says solving 'big data' challenge involves more than just managing volumes of data", Gartne, Tech. Rep., Jun. 2011.

⑤ J. Gantz and D. Reinsel, "Extracting value from chaos", IDC iView, 2011.

业化的定义，而4Vs则指出大数据的意义和必要性，即挖掘蕴藏其中的巨大价值。这种定义指出大数据最为核心的问题，就是如何从规模巨大、种类繁多、生成快速的数据集中挖掘价值。正如 Facebook 的副总工程师杰伊·帕瑞克所言，"如果不利用所收集的数据，那么你所拥有的只是一堆数据，而不是大数据"①。

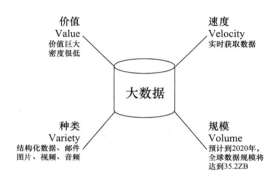

图7—1 大数据的4Vs特点大数据分析

此外，美国国家标准和技术研究院（NIST）也对大数据做出了定义："大数据是指其数据量、采集速度，或数据表示限制了使用传统关系型方法进行有效分析的能力，或需要使用重要的水平缩放技术来实现高效处理的数据。"bigdatang. nist. gov 这是从学术角度对大数据的概括，除了4Vs 定义所提及的概念，还特别指出需要高效的方法或技术对大数据进行分析处理。

就大数据究竟该如何定义，工业界和学术界已经进行了不少讨论②。但是，大数据的关键并不在于如何定义，或如何去界定大数

---

① 维克托·迈尔-舍恩伯格、肯尼思·库克耶：《大数据时代》，盛杨燕、周涛译，浙江工业出版社。

② O. R. Team，Big Data Now：Current Perspectives from O'Reilly Radar. O'Reilly Media, 2011. M. Grobelnik. （2012）Big data tutorial. ［Online］. Available：http：//videolectures. net/es-wc2012 grobelnik big data/.

据，而应该是如何提取数据的价值，如何利用数据，如何将"一堆数据"变为"大数据"。

我们认为大数据价值链可分为四个阶段：数据生成、数据采集、数据储存以及数据分析。数据分析是大数据价值链的最后也是最重要的阶段，是大数据价值的实现，是大数据应用的基础，其目的在于提取有用的值，提供论断建议或支持决策，通过对不同领域数据集的分析可能会产生不同级别的潜在价值。①

二　传统数据分析方法

传统数据分析是指用适当的统计方法对收集来的大量第一手资料和第二手资料进行分析，把隐没在一大批看来杂乱无章的数据中的信息集中、萃取和提炼出来，找出所研究对象的内在规律，以求最大化地开发数据资料的功能，发挥数据的作用。数据分析对国家制订发展计划，对企业了解客户需求，把握市场动向都有巨大的指导作用。大数据分析，可以视为对一种特殊数据的分析，因此很多传统的数据分析方法也可用于大数据分析。以下是可用于大数据分析的传统数据分析方法，这些方法源于统计学和计算机科学等多个学科。

1. 聚类分析②。聚类分析是划分对象的统计学方法，指把具有某种相似特征的物体或者事物归为一类。聚类分析的目的在于辨别在某些特性上相似（但是预先未知）的事物，并按这些特性将样本划分成若干类（群），使在同一类内的事物具有高度的同质性，而不同类的事物则有高度的异质性。聚类分析是一种没有使用训练数据的无监督式学习。

---

① S. Ghemawat, H. Gobioff, and S. - T. Leung, "The google file system", In: Proceedings of the nineteenth ACM symposium on operating systems principles, 2003, pp. 29 - 43.

② 桂卫华、刘晓颖：《基于人工智能方法的复杂过程故障诊断技术》，《控制工程》2002 年第 4 期。

2. 因子分析①。因子分析的基本目的就是用少数几个因子去描述许多指标或因素之间的联系，即将相互较为密切的几个变量归在同一类中，每一类变量就成为一个因子（之所以称其为因子，是因为它是不可观测的，即不是具体的变量），以较少的几个因子反映原数据的大部分信息。

3. 相关分析②。相关分析法是测定事物之间相关关系的规律性，并据以进行预测和控制的分析方法。社会经济形象之间存在着大量的相互联系、相互依赖、相互制约的数量关系。这种关系可分为两种类型：一类是函数关系，它反映着现象之间严格的依存关系，也称确定性的依存关系。在这种关系中，对于变量的每一个数值，都有一个或几个确定的值与之对应。另一类为相关关系，在这种关系中，变量之间存在着不确定、不严格的依存关系，对于变量的某个数值，可以有另一变量的若干数值与之相对应，这若干个数值围绕着它们的平均数呈现出有规律的波动。

4. 回归分析③。回归分析是研究一个变量与其他若干变量之间相关关系的一种数学工具，它是在一组实验或观测数据的基础上，寻找被随机性掩盖了的变量之间的依存关系。通过回归分析，可以把变量间的复杂的、不确定的关系变得简单化、有规律化。

5. A/B 测试④。也称为水桶测试，通过对比测试群体，确定哪种方案能提高目标变量的技术。大数据可以使大量的测试被执行和分析，保证这个群体有足够的规模来检测控制组和治疗组之间有意义的区别。

---

① 李德仁、王树良、李德毅等：《论空间数据挖掘和知识发现的理论与方法》，《武汉大学学报》（信息科学版）2002 年第 3 期。

② 梅宏、王千祥、张路等：《软件分析技术进展》，《计算机学报》2009 年第 9 期。

③ 宋国杰、唐世渭、杨冬青等：《数据流中异常模式的提取与趋势监测》，《计算机研究与发展》2004 年第 10 期。

④ S. Ghemawat, H. Gobioff, and S. – T. Leung, "The google file system", In: Proceedings of the nineteenth ACM symposium on operating systems principles, 2003, pp. 29 – 43.

6. 数据挖掘①。更为深入的数据分析就需要利用数据挖掘技术，满足一些高级别的数据分析需求。数据挖掘就是从大量的、不完全的、有噪声的、模糊的、随机的数据中，提取隐含在其中的、人们事先不知道的、但又是潜在有用的信息和知识的过程。数据挖掘主要用于完成以下 6 种不同任务，同时也对应着不同的分析方法：分类（Classification）、估值（Estimation）、预言（Prediction）、相关性分组或关联规则（Affinity grouping or association rules）、聚集（Clustering）、描述和可视化（Description and visualization）。挖掘方法大致分为：机器学习方法、神经网络方法和数据库方法。机器学习可细分为：归纳学习方法、基于范例学习、遗传算法等。神经网络方法可细分为：前向神经网络、自组织神经网络等。数据库方法主要是多维数据分析或 OLAP（On – Line Analytical Processing，联机分析处理）方法，另外还有面向属性的归纳方法。

虽然这些传统的分析方法，已经被应用于大数据领域，但是它们在处理规模较大的数据集合时，效率无法达到用户预期，且难以处理复杂的数据，如非结构化数据。因此，随后出现了许多专门针对大数据的集成、管理及分析的技术和方法。

三　大数据分析方法

随着大数据时代的到来，如何快速地从这些海量数据中抽取出关键的信息，为企业和个人带来价值，是各界关注的焦点。目前一些大数据具体处理方法主要有：

（1）Bloom Filter。布隆过滤器，其实质是一个位数组和一系列 Hash 函数。布隆过滤器的原理，是利用位数组存储数据的 Hash 值而不是数据本身，其本质是利用 Hash 函数对数据进行有损压缩存

---

① Hand D. J. Principles of data mining [J]. Drug safety，2007，30（7）：621 – 622.

储的位图索引。其优点是具有较高的空间效率和查询速率，缺点是有一定的误识别率和删除困难。布隆过滤器，适用于允许低误识别率的大数据场合。

（2）Hashing。散列法，也叫作哈希法，其本质是将数据转化为长度更短的定长数值或索引值的方法。这种方法的优点是具有较快的读写和查询速度，缺点是难以找到一个良好的 Hash 函数。

（3）索引。无论是在管理结构化数据的传统关系数据库中，还是在管理半结构化和非结构化数据的技术中，索引都是一个减少磁盘读写消耗、提高增删改查速率的有效方法。但索引的缺陷在于，需要额外的消耗存储的索引文件，且需要根据数据的更新而动态维护。

（4）Triel 树。又称为字典树，是哈希树的变种形式，多被用于快速检索和词频统计。Triel 树的思想是利用字符串的公共前缀，最大限度地减少字符串的比较，提高查询效率。

（5）并行计算。相对于传统的串行计算，并行计算是指同时使用多个计算资源完成运算。其基本思想是，将问题进行分解，由若干个独立的处理器完成各自的任务，以达到协同处理的目的。目前，比较典型的并行计算模型有 MPI（Message Passing Interface）、MapReduce、Dryad 等。

传统数据分析方法，大多数都是通过对原始数据集进行抽样或者过滤，然后对数据样本进行分析，寻找特征和规律，其最大的特点是通过复杂的算法从有限的样本空间中获取尽可能多的信息。随着计算能力和存储能力的提升，大数据分析方法与传统分析方法的最大区别在于，分析的对象是全体数据，而不是数据样本；其最大的特点在于，不追求算法的复杂性和精确性，而是追求可以高效地对整个数据集进行分析。总之，传统数据方法力求通过复杂算法从有限的数据集中获取信息，所以更加追求准确性；而大数据分析方法则是通过高效的算法、模式，对全体数据进行分析。

四　大数据分析模式

由于大数据来源广泛，种类繁多，结构多样且应用于众多不同领域，所以针对不同业务需求的大数据，应采用不同的分析模式。

1. 根据实时性，可分为实时分析和离线分析

实时分析，多用于电子商务、金融等领域。由于数据瞬息万变，因此需要及时的数据分析，在极短的时间能返回分析结果。目前，实时分析的主要模式有：采用传统关系型数据库组成并行处理集群，采用内存计算平台。EMC 的 Greenplum[①]、SAP 的 HANA[②]等，都是实时分析的工具。

离线分析，往往用于对结果反馈时间要求不高的场合，比如，机器学习、统计分析、推荐算法等。离线分析，一般是通过数据采集工具将日志大数据导入专用的平台进行分析。在大数据环境下，为了降低数据格式转化的消耗，提高数据采集的效率，很多互联网企业都采用基于 Hadoop 的离线分析模式。例如，Facebook 开源的 Scribe[③]、LinkedIn 开源的 Kafka[④]、淘宝开源的 Timetunnel[⑤]、Hadoop

①　孟小峰、慈祥：《大数据管理：概念、技术与挑战》，《计算机研究与发展》2013 年第 1 期。

②　覃雄派、王会举、李芙蓉等：《数据管理技术的新格局》，《软件学报》2013 年第 2 期。

③　Thusoo A., Shao Z., Anthony S., et al. Data warehousing and analytics infrastructure at facebook [C] //Proceedings of the 2010 ACM SIGMOD International Conference on Management of Data. ACM, 2010: 1013 – 1020.

④　Goodhope, Ken, et al. "Building LinkedIn's Real – time Activity Data Pipeline." IEEE Data Eng. Bull. 35. 2 (2012): 33 –45.

⑤　Ren Z., Xu X., Wan J., et al. Workload characterization on a production Hadoop cluster: A case study on Taobao [C] //Workload Characterization (IISWC), 2012 IEEE International Symposium on. IEEE, 2012: 3 – 13.

的 Chukwa[①] 等，均可以满足每秒数百 MB 的日志数据采集和传输需求。

2. 根据数据规模，可分为内存级、BI 级和海量级

内存级分析，是指数据总量不超过集群内存的最大值。目前的服务器集群的内存超过几百 GB，甚至达到 TB 级别都是很常见的，因此可以采用内存数据库技术，将热点数据常驻内存，从而达到提高分析效率的目的。内存级分析，非常适用于实时分析业务。目前，MongoDB 是比较有代表性的内存级分析模式。随着固态硬盘（SSD，Solid - State Drive）的发展，内存级数据分析的能力和性能将得到进一步的提升，其应用也越来越广泛。

BI 级分析，是指数据规模超出了内存级，但是又可以导入 BI 分析环境下进行分析，目前主流的 BI 产品都有支持 TB 级以上的数据分析方案。

海量级分析，是指数据规模已经完全超出 BI 产品以及传统关系型数据库的能力。目前，大多数的海量级分析都是采用 Hadoop 的 HDFS 分布式文件系统来存储数据，并使用 MapReduce 进行分析。海量级分析，基本也都属于离线分析。

3. 根据算法复杂度的分类

根据业务数据和业务需求的不同，数据分析算法的时空复杂度也有巨大的差异性。例如，针对易并行问题，可以设计分布式算法，采用并行处理的模型进行分析。

五　大数据分析工具

目前，在众多可用于大数据分析的工具中，既有专业的也有非专业的工具，既有昂贵的商业软件也有免费的开源软件。根据 2012

---

① Boulon J., Konwinski A., Qi R., et al. Chukwa, a large - scale monitoring system ［C］// Proceedings of CCA. 2008，8.

年，KDNuggets 针对 798 名专业人员，做了一份"过去一年中在实际项目中所用到的大数据、数据挖掘、数据分析软件"① 的调查，此处根据结果选取使用频率最高的前五名进行简单的介绍。

1. R（30.7%）

R 是开源编程语言和软件环境，被设计用来进行数据挖掘/分析和可视化。在执行计算密集型任务时，在 R 环境中还可以调用 C、C++和 Fortran 编写的代码。此外，专业用户还可以通过 C 语言直接调用 R 对象。R 语言是 S 语言的一种实现。而 S 语言是由 AT&T 贝尔实验室开发的一种用来进行数据探索、统计分析、作图的解释型语言。最初 S 语言的实现版本主要是 S-PLUS。但 S-PLUS 是一个商业软件，相比之下开源的 R 语言更受欢迎。R 不仅在软件类中名列第一，而且还在 2012 年 KDNuggets 的另一份调查"过去一年中在数据挖掘/分析中所使用的设计语言"中，R 语言击败了 SQL 和 Java，依旧荣登榜首。在 R 语言盛行的大环境下，各大数据库厂商如 Teradata 和 Oracle，都发布了与 R 语言相关的产品。

2. Excel（29.8%）

Excel 是微软的 Office 办公软件的核心组件之一，提供了强大的数据处理、统计分析和辅助决策等功能。在安装 Excel 的时候，一些具有强大功能的分析数据的扩展插件也被集成了，但是这些插件需要用户的安装才能被使用，这其中就包含了分析工具库（Analysis ToolPak）和规划求解向导项（Solver Add-in）等插件。Excel 也是前五名中唯一的商业软件，其他软件都是开源的。

3. Rapid-I Rapidminer（26.7%）

Rapidminer 是用于数据挖掘、机器学习、预测分析的开源软

---

① （2012）What Analytics, Data mining, Big Data software you used in the past 12 months for a real project? [Online]. Available：http：//www. kdnuggets. com/polls/2012/analytics-data-mining-big-data-software. html.

件，在 2011 年 KDNuggets 的调查中，它比 R 的使用率还高，居于第一位。RapidMiner 提供的数据挖掘和机器学习程序包括：数据加载和转换（ETL）、数据预处理和可视化、建模、评估和部署。数据挖掘的流程是以 XML 文件加以描述，并通过一个图形用户界面显示出来。RapidMiner 是由 Java 编程语言编写的，其中还集成了 Weka 的学习器和评估方法，并可以与 R 语言进行协同工作。Rapidminer 的功能均是通过连接各类算子（operataor）形成流程（process）来实现的，整个流程可以看作工厂车间的生产线，输入原始数据，输出模型结果。算子可以看作执行某种具体功能的函数，不同算子有不同的输入输出特性。

4. KNMINE（21.8%）

KNIME（Konstanz Information Miner）是一个用户友好、智能，并有丰富功能的开源数据集成、数据处理、数据分析和数据勘探平台。它提供可视化的方式创建数据流或数据通道，还可选择性地运行一些或全部的分析步骤，最终输出研究结果、模型以及可交互的视图。KNIME 由 Java 写成，其通过插件的方式来提供更多的功能。通过插件，用户可以为文件、图片和时间序列加入处理模块，并可以集成到其他各种各样的开源项目中，比如，R 语言、Weka。KNIME 是通过工作流来控制数据的集成、清洗、转换、过滤，再到统计、数据挖掘，最后是数据的可视化。整个开发都在可视化的环境下进行，通过简单地拖曳和设置就可以完成一个流程的开发。KNIME 被设计成一种模块化的、易于扩展的框架。它的处理单元和数据容器之间没有依赖性，这使得它们更加适应分布式环境及独立开发。另外，对 KNIME 进行扩展也是比较容易的。开发人员可以很轻松地扩展 KNIME 的各种类型的结点、视图等。

5. Weka/Pentaho（14.8%）

Weka 的全名是怀卡托智能分析环境（Waikato Environment for

Knowledge Analysis），是一款免费的、非商业化的，基于 Java 环境下的开源机器学习以及数据挖掘软件。Weka 提供的功能有数据处理、特征选择、分类、回归、聚类、关联规则、可视化等。

而 Pentaho 则是世界上最流行的开源商务智能软件。它是一个基于 Java 平台的商业智能（Business Intelligence，BI）套件，之所以说是套件是因为它包括一个 web server 平台和几个工具软件：报表、分析、图表、数据集成、数据挖掘等，可以说包括了商务智能的各个方面。在 Pentaho 中集成了 Weka 的数据处理算法，可以直接调用。

需要说明的是，虽然 KDNuggets 的调查针对的是大数据，但是上述的 5 种分析工具，并非全是针对大数据而设计的。例如，Excel，在大数据出现之前，就已经用于数据分析。

第三节　大数据应用

一　应用演化

数据驱动的应用程序被广泛地应用于各个领域，例如，早在20世纪 90 年代商业智能就成为一个在商界流行的术语，而 21 世纪早期就出现了基于海量数据挖掘处理的网站搜索。下面列出了一些来自不同领域的很有潜力且影响较大的应用，并讨论其数据分析的特性。

1. 商业应用的演变

最早的商业数据通常为结构化数据，各公司从其旧有系统中收集这些数据并把它们存储到关系型数据库管理系统中。这些系统中使用的分析技术在 20 世纪 90 年代就非常流行，通常都很直观但也很简单，例如，报表、仪表盘、条件查询、基于搜索的商业智能、联机事务处理、交互式可视化、记分卡、预测建模、数据挖掘等。①自 21 世纪初以来，互联网和网站给各类组织机构提供了一个在线展示其业务并和客户直接互动的独特机遇。大量的产品和客户信息，包括点击流数据日志、用户行为等，均可以从网站上获取。这样通过采用各种文本和网站挖掘技术分析就可以实现产品布局优化、客户交易分析、产品的建议和市场结构分析。

2. 网络应用的演变

早期的网络主要提供电子邮件和网页服务，而文本分析、数据挖掘和网页分析技术也相应地用于挖掘电子邮件内容、构建搜索引擎等。网络数据占据了全球数据量的大多数。如今，Web 已经日渐成为相互关联的页面世界，充满了各种不同类型的数据，例如，文本、图像、视频、照片和交互内容等。大量用于半结构化或非结构化数据的高级技术应运而生。例如，图像分析技术可以从照片中提取有益的信息等。多媒体分析技术可以应用于商业、执法和军事应用中的自动化视频监控系统中。

2004 年后，在线社交媒体，如论坛、网上群体、网络博客、社交网站、社交多媒体网站等，为用户创建、上传并分享内容提供了更为便捷的方式，社交数据开始爆发式的增长。

此外，网络应用所产生数据，不再仅源自互联网，移动网络和物联网也成为网络数据的重要来源。据参考文献［137］显示，2011 年移动电话和平板电脑的数量第一次超过了笔记本电脑和 PC 机的数量，移动电话和基于传感器的物联网正在开启新一轮网络应用的革命。

3. 科学应用的演变

许多领域的科研都在通过高通量传感器和仪器获取大量数据，

---

① T. Economist, "Beyond the pc", Special Report on Personal TEchnology, Tech. Rep., 2011.

从天体物理学和海洋学，到基因学和环境学研究，无不如此。美国国家科学基金会（NSF）最近公布了 BIGDATA 方案征集，用于信息共享和数据分析。一些学科已经开发了海量数据平台并取得了相应的收益。例如，在生物学中，iPlant 正应用网络基础设施、物理计算资源、协作环境、虚拟机资源、可互操作的分析软件和数据服务来协助研究人员、教育工作者和学生建设相关的植物学科。iPlant 数据集形式变化多端，其中包括规范或参考数据、实验数据、模拟和模型数据、观测数据以及其他派生数据。

表 7—2 列举了具有代表性的大数据应用及其特征。

表 7—2 **典型的大数据应用及其特征**

应用	实例	用户数量	反应时间	数据规模	可靠性	准确性
科学计算	生物信息	小	慢	TB	适中	很高
金融	电子商务	大	非常快	GB	很高	很高
社交网络	Facebook	很大	快	PB	高	高
移动数据	移动电话	很大	快	TB	高	高
物联网	传感网	大	快	TB	高	高
Web 数据	新闻网站	很大	快	PB	高	高
多媒体	视频网站	很大	快	PB	高	适中

二　大数据分析的关键领域

目前，根据数据的生成方式和结构特点不同，本书将数据分析划分为 6 个关键技术领域。

（一）结构化数据

结构化数据，一直是传统数据分析的重要研究对象，目前主流的结构化数据管理工具，如关系型数据库等，都提供了数据分析功能。商业和科研领域会产生大量的结构化数据，而这些结构化数据的管理和分析依赖于数据库、数据仓库、OLAP 和 BPM（Business Process Management，业务流程管理）[①] 的成熟商业化技术。得益于关系型数据库技术的发展，结构化数据的分析方法较为成熟，大部分都以数据挖掘和统计分析为基础。

（二）文本数据

存储信息的最常见的形式就是文本，例如，电子邮件通信、公司文件到网站页面、社交媒体内容等。因此，文本分析被认为比结构化数据挖掘更具有商业化潜力。在通常情况下，文本分析也称为文本挖掘，指的是从非结构化文本中提取有用信息和知识的过程。文本挖掘是一个跨学科领域，涉及信息检索、机器学习、统计、计算语言学，尤其是数据挖掘。大部分文本挖掘系统都以文本表达和自然语言处理（NLP）为基础，重在后者。

文档介绍和查询处理是开发向量空间模型、布尔检索模型、概率检索模型[②]的基础，而这些模型又构成了搜索引擎的基础。自 20 世纪 90 年代早期以来，搜索引擎已经演化为成熟的商业系统，通常包括快速分布式爬行、有效的倒排索引、基于 inlink 的网页排序和搜索日志分析。

NLP 技术可以提高关于期限的可用信息，这样计算机就可以分析、理解甚至产生文本。下面是一些经常采用的方法：词法获取、词义消歧、词性标注、概率上下文无关文法。[③] 以 NLP 为基础，一些技术已经被开发出来并可以应用于文本挖掘，其中包括信息提取、主题模型、文本摘要、分类、聚类、答疑和意见挖掘。信息提

---

① P. B. D. Agrawal and E. Bertino, "Challenges and opportunities with big data – a community white paper developed by leading researchers across the united states", The Computing Research Association, CRA report, 2012.

② G. Salton, *Automatic Text Processing*, *Reading.* MA：Addison Wesley, 1989.

③ C. D. Manning and H. Schutze, *Foundations of Statistical Natural Language Processing. Cambridge*, MA：The MIT Press, 1999.

取是指自动地从文本中提取特定种类的结构化信息。命名实体识别（NER）技术作为信息提取的一个子任务，旨在识别归属于预定类别（如人物、地点和组织等）的文本中的原子实体，近来已成功开发用于新的分析[①]和医学领域的应用[②]。主题模型是基于"文档由主题组成，而主题是词汇的概率分布"这一观点建立。主题模型是文档生成模型，规定了生成文档的概率程序。

现在已经有各种各样的概率主题模型用于分析文档的内容和词汇的意义。[③] 文本摘要是为了从单个或多个输入文本文件中生成一个缩减的摘要或摘录。文本摘要的各种类型可以归结为具象性摘要和抽象性摘要。[④] 具象性摘要从源文档中选择重要的句子和段落并把它们浓缩成较短的形式。而抽象性摘要可以理解原文本并可以根据语言学方法用较少的词汇对原文本进行复述。文本分类的目的在于通过将文档置入预定的主题集来识别文档的主题取向。基于图表示和图挖掘的文本分类最近吸引了大家的研究兴趣。[⑤] 文本聚类用于给类似的文档分组，文档聚类通过预定的主题对文档进行分类。在文本聚类中，文档可以出现在多个副主题当中。通常采用数据挖掘领域的一些聚类算法来计算文档的相似性，但研究显示可以利用

---

① A. Ritter, S. Clark, Mausam, and O. Etzioni, "Named entity recognition in tweets: an experimental study", In: Proceedings of the Conference on Empirical Methods in Natural Language Processing, 2011, pp. 1524 – 1534.

② Y. Li, X. Hu, H. Lin, and Z. Yang, "A framework for semisupervised feature generation and its applications in biomedical literature mining", IEEE/ACM Trans. Comput. Biol. Bioinformatics, Vol. 8, No. 2, pp. 294 – 307, 2011.

③ D. M. Blei, "Probabilistic topic models", Commun. ACM, Vol. 55, No. 4, pp. 77 – 84, 2012.

④ H. Balinsky, A. Balinsky, and S. J. Simske, "Automatic text summarization and small – world networks", In: Proceedings of the 11th ACM symposium on document engineering, 2011, pp. 175 – 184.

⑤ M. Mishra, J. Huan, S. Bleik, and M. Song, "Biomedical text categorization with concept graph representations using a controlled vocabulary", In: Proceedings of the 11th International Workshop on Data Mining in Bioinformatics, 2012, pp. 26 – 32.

结构关系信息来增强聚类结果。① 答疑系统主要设计用于处理如何寻找给定问题的最佳答案。它涉及问题分析、源检索、答案提取和回答演示②方面的不同技术。答疑系统可以应用于许多领域，其中包括教育、网站、健康和国防。意见挖掘与情感分析类似，是指提取、分类、理解和评估新闻、评论和用户生成的其他内容中表述意见的计算技术。它可以提供理解公众和客户对社会事件、政治运动、公司策略、营销活动和产品喜好的有利机会。③

（三）Web 数据

在过去的 10 年中，我们见证了互联网信息的爆炸式增长，同时 Web 分析作为一个活跃的研究领域也已经显现。Web 分析旨在从 Web 文档和服务中自动检索、提取和评估信息用以发现知识。Web 分析建立在几个研究领域之上，包括数据库、信息检索、自然语言处理和文本挖掘等。我们可以根据要挖掘的 Web 部分的不同将 Web 分析划分为 3 个相关领域：Web 内容挖掘、Web 结构挖掘和 Web 使用挖掘。④

Web 内容挖掘用于发现 Web 页面内容中有用的信息或发现知识，Web 内容涉及多种类型的数据，例如，文本、图像、音频、视频、代号、元数据以及超链接等。对图像、音频和视频挖掘的研究被称为多媒体分析，将在下一部分中讨论。由于大部分 Web 内容数据为非结构化文本数据，大部分研究工作都是围绕文本和超文本

① J. Hu, L. Fang, Y. Cao, H. - J. Zeng, H. Li, Q. Yang, and Z. Chen, " Enhancing text clustering by leveraging wikipedia semantics", In: Proceedings of the 31st annual international ACM SI-GIR conference on Research and development in information retrieval, ser. SIGIR, 08, 2008, pp. 179 - 186.

② M. T. Maybury. *New Directions in Question Answering. Cambridge*, MA: The MIT Press, 2004.

③ B. Pang and L. Lee, " Opinion mining and sentiment analysis", Found. Trends Inf. Retr., Vol. 2, No. 1 - 2, pp. 1 - 135, 2008.

④ S. Pal, V. Talwar, and P. Mitra, " Web mining in soft computing framework: relevance, state of the art and future directions", Neural Networks, IEEE Transactions on, Vol. 13, No. 5, pp. 1163 - 1177, 2002.

内容展开。超文本挖掘涉及具有超级链接的半结构化 HTML 页面的挖掘。

监督学习和分类在超文本挖掘中扮演重要角色，例如，电子邮件、新闻组管理和维护 Web 目录①等。Web 内容挖掘可以采用两种方法进行：信息检索方法和数据库的方法。信息检索方法主要是协助或改善信息查找、根据推断或征求用户配置文件为用户过滤信息。数据库方法试图模拟并整合 Web 上的数据，这样就可以进行比关键词搜索更为复杂的查询。

Web 结构挖掘涉及发现 Web 链接结构相关的模型。这里的结构指的是网站中或网站间链接的示意图。模型是基于具有或没有链接描述的超链接的拓扑结构建立的。该模型揭示了不同的网站间的相似性和相互关系，可以用来为网站页面分类。Page Rank② 和 CLEVER③ 方法充分利用了该模型来查找相关网站页面。主题爬取④ 是另外一个利用该模型的成功案例。主题爬虫的目的在于有选择性地找出与预定主题集相关的页面。主题爬虫会分析其爬行边界来寻找与爬取最有可能相关的链接并避免涉及 Web 的不相干区域，而不是搜集和索引所有可访问的网页文件，来回答所有可能的即席查询。这样可以大量节约硬件和网络资源并帮助保持爬取更新。

Web 使用挖掘旨在挖掘 Web 会话或行为产生的辅助数据，而 Web 内容挖掘和 Web 结构挖掘使用的是 Web 上的主要数据。Web

---

① S. Chakrabarti, "Data mining for hypertext: a tutorial survey", SIGKDD Explor. Newsl., Vol. 1, No. 2, pp. 1 – 11, 2000.

② S. Brin and L. Page, "The anatomy of a large – scale hypertextual web search engine", In: Proceedings of the Seventh International Conference on World Wide Web 7, 1998, pp. 107 – 117.

③ D. Konopnicki and O. Shmueli, "W3qs: A query system for the worldwide web", In: Proceedings of the 21th International Conference on Very Large Data Bases, 1995, pp. 54 – 65.

④ S. Chakrabarti, M. van den Berg, and B. Dom, "Focused crawling: a new approach to topic – specific web resource discovery", Comput. Netw., Vol. 31, No. 11 – 16, pp. 1623 – 1640, 1999.

使用数据包括来自 Web 服务器访问日志、代理服务器日志、浏览器记录、用户配置文件、登记数据、用户会话或交易、缓存、用户查询、书签数据、鼠标点击和滚动以及用户和 Web 交互产生的任何其他数据。随着 Web 服务和 Web2.0 系统的成熟和普及，Web 使用数据正变得越来越多样化。Web 使用挖掘在个性化空间、电子商务、网络隐私/安全和其他一些新兴领域内扮演着关键角色。例如，协同推荐系统通过利用用户偏好的异同来使电子商务个性化。

（四）多媒体数据

近来，多媒体数据（主要包括图像、音频和视频）正以惊人的速度增长，几乎无处不在。由于多媒体数据多种多样而且大多数都比单一的简单结构化数据和文本数据包含更为丰富的信息，提取信息这一任务正面临多媒体数据语义差距的巨大挑战。多媒体分析的研究涵盖的学科种类非常多，包括多媒体摘要、多媒体注解、多媒体索引和检索、多媒体的建议和多媒体事件检测等，此处仅举最近的几个研究重点。

音频摘要可以通过从原数据中简单地提取突出的词或句子或合成新的表述来实现。视频摘要可以理解最重要或更具代表性的视频内容序列，可以是静态的，也可以是动态的。静态视频摘要方法要利用一个关键帧序列或上下文敏感的关键帧来代表视频。这些方法都很简单，而且已经应用到商业应用（如 Yahoo、Alta Visa 和 Google 等）中，但其可播放性很差。而动态视频摘要方法是使用一系列视频片段来表示视频，另外，还可以配置低级的视频功能并采取其他平滑措施使最终的摘要看起来更为自然。在参考文献［155］中，作者们提出了一个面向主题的多媒体摘要系统，该系统可以为一次观看完毕的视频生成基于短信息的重新计算。

多媒体注释指的是为图像和视频指派一组在句法和语义级别上描述其所含内容的标签。多媒体索引和检索指的是描述、存储并组织多媒体信息和协助人们方便、快捷地查找多媒体资源。[①]

多媒体推荐的目的是要根据用户的喜好来推荐特定的多媒体内容。大多数现有的推荐系统分为两种：基于内容系统和基于协同过滤的系统。基于内容的方法识别用户或用户兴趣的一般特征并向用户推荐具有相似特征的其他内容，这些方法纯粹依赖于内容相似度测量，但大多受内容分析有限和过度规范的困扰。基于协同过滤的方法识别具有相似兴趣的人群并根据小组成员的行为推荐内容。[②]现在又引入了一种混合方法，融合了基于协同过滤和内容两种方法的长处来提高推荐质量。

多媒体时间检测，是检测基于事件套件（Event Kit）的视频剪辑内某一事件的发生情况，而事件套件中含有一些有关概念和一些示例视频的文本描述。目前视频事件检测的研究仍处在初级阶段。事件检测的现有研究大多集中在体育或新闻事件以及监控录像中的奔跑或不寻常事件之类的重复模式事件。在参考文献［158］中作者针对处理少数正例样本（positive training examples）的多媒体事件检测提出了一种新算法。

（五）社交网络数据

网络分析从最初的计量分析[③]和社会学网络分析[④]一直演化到

---

① M. S. Lew, N. Sebe, C. Djeraba, and R. Jain, "Content – based multimedia information retrieval: State of the art and challenges", ACM Transactions on Multimedia Computing, Communications, and Applications (TOMCCAP), Vol. 2, No. 1, pp. 1 – 19, 2006.

② Y. – J. Park and K. – N. Chang, "Individual and group behavior – based customer profile model for personalized product recommendation", Expert Systems with Applications, Vol. 36, No. 2, pp. 1932 – 1939, 2009.

③ J. E. Hirsch, "An index to quantify an individual's scientific research output", Proceedings of the National Academy of Sciences of the United States of America, Vol. 102, No. 46, p. 16569, 2005.

④ D. J. Watts. Six degrees: The science of a connected age. WW Norton, 2004.

21 世纪初新兴的在线社交网络分析。许多流行的在线社交网络，如 Twitter、Facebook 和 LinkedIn 等日益普及。这些在线社交网络通常都含有大量的链接和内容数据，其中链接数据主要为图形结构，表示两个实体之间的通信，而内容数据则包含有文本、图像以及其他网络多媒体数据。这些网络的丰富内容给数据分析带来了前所未有的挑战，同时也带来了机遇。按照以数据为中心的观点来看，社交网络上下文的研究方向可以分为两大类：基于链接的结构分析和基于内容的分析。①

基于链接的结构分析研究一直着力于链接预测、社区发现、社交网络进化和社会影响分析以及其他一些领域的研究。社交网络可以作为图形实现可视化，图形中的定点对应于一个人，同时其中的边表示对应人士之间的某些关联。由于社交网络是动态网络，不断会有新的顶点和边添加到图形中去。链接预测希望能预测两个节点之间未来建立联系的可能性。许多技术都可以用于链接预测，例如，基于特征的分类、概率方法以及线性代数等。基于特征的分类可以为节点对选择一组特征，然后再利用现有的链接信息来生产二元分类器以预测未来的链接情况。② 概率方法尝试着为社交网络中的定点之间的连接概率建立模型。③ 线性代数方法要根据降秩相似矩阵计算两个节点之间的相似性。④ 社区指的是一个子图结构，该结构中子图中的定点上的边的密度更大，而子图间的定点上的边的

① C. C. Aggarwal. *An introduction to social network data analytics*. Springer, 2011.

② S. Scellato, A. Noulas, and C. Mascolo, "Exploiting place features in link prediction on location – based social networks", In: Proceedings of the 17th ACM SIGKDD international conference on knowledge discovery and data mining, 2011, pp. 1046 – 1054.

③ A. Ninagawa and K. Eguchi, "Link prediction using probabilistic group models of network structure", In: Proceedings of the 2010 ACM Symposium on Applied Computing, 2010, pp. 1115 – 1116.

④ D. M. Dunlavy, T. G. Kolda, and E. Acar, "Temporal link prediction using matrix and tensor factorizations", ACM Trans. Knowl. Discov. Data, Vol. 5, No. 2, pp. 10: 1 – 10: 27, 2011.

密度较低。人们提出并比较了许多针对社区检测的方法,[①] 大部分的方法都是基于拓扑并依赖于捕获社区结构概念的目标函数。Du等人利用现实生活中存在的重叠社区的性质提出了一种更为有效的大规模社交网络社区检测方法。[②] 针对社交网络的研究旨在寻找解释网络演化的法则和推导模型。一些实证研究[③]发现近似偏见（proximity bias）、地域限制和其他一些因素在社交网络的演化过程中起着重要作用,同时还提出了一些生成方法[④]来协助网络和系统设计。社交影响是指个人受网络中其他人的影响而改变自身行为。社交影响的强弱[⑤]取决于人与人之间的关系、网络距离、时间效应、网络与个人的特点等许多因素。营销、广告、推荐和其他许多应用都可以通过定性和定量测量个人对其他人的影响力[⑥]获取好处。在

---

① J. Leskovec, K. J. Lang, and M. Mahoney, "Empirical comparison of algorithms for network community detection", In: Proceedings of the 19th International Conference on World Wide Web, 2010, pp. 631 – 640.

② N. Du, B. Wu, X. Pei, B. Wang, and L. Xu, "Community detection in large – scale social networks", In: Proceedings of the 9th WebKDD and 1st SNA – KDD 2007 workshop on web mining and social network analysis, 2007, pp. 16 – 25.

③ S. Garg, T. Gupta, N. Carlsson, and A. Mahanti, "Evolution of an online social aggregation network: an empirical study", In: Proceedings of the 9th ACM SIGCOMM conference on internet measurement conference, 2009, pp. 315 – 321. M. Allamanis, S. Scellato, and C. Mascolo, "Evolution of a locationbased online social network: analysis and models", In: Proceedings of the 2012 ACM conference on internet measurement conference, 2012, pp. 145 – 158. N. Z. Gong, W. Xu, L. Huang, P. Mittal, E. Stefanov, V. Sekar, and D. Song, "Evolution of social – attribute networks: measurements, modeling, and implications using google + ", in Proceedings of the 2012 ACM conference on internet measurement conference, 2012, pp. 131 – 144.

④ E. Zheleva, H. Sharara, and L. Getoor, "Co – evolution of social and affiliation networks", In: Proceedings of the 15th ACM SIGKDD international conference on knowledge discovery and data mining, 2009, pp. 1007 – 1016.

⑤ J. Tang, J. Sun, C. Wang, and Z. Yang, "Social influence analysis in large – scale networks", In: Proceedings of the 15th ACM SIGKDD international conference on knowledge discovery and data mining, 2009, pp. 807 – 816.

⑥ Y. Li, W. Chen, Y. Wang, and Z. – L. Zhang, "Influence diffusion dynamics and influence maximization in social networks with friend and foe relationships", In: Proceedings of the sixth ACM international conference on web search and data mining, 2013, pp. 657 – 666.

通常情况下，如果将社交网络之间的内容增殖考虑在内，基于链接的结构分析的性能都可以进一步改进。

得益于 Web2.0 技术的革命性进展，使用生成的内容在社交网络中呈爆炸式增长。社交网络中基于内容的分析研究指的是社交媒体分析。社交媒体内容包括文本、多媒体、定位和评论。几乎所有的有关结构化分析、文本分析和多媒体分析的研究主题都可以解释为社交媒体分析，但社交媒体分析正面临着前所未有的挑战。首先，我们需要在合理的时间期限内自动分析大量的而且不断增长的社交媒体数据。其次，社交媒体数据中含有许多噪声数据。例如，博客圈中存在大量的垃圾博客，Twitter 中的 trivial Tweets 同样如此。最后，社交网络是动态网络，常常在很短的时间内频繁变化和更新。社交媒体依附于社交网络，因此社交媒体分析不可避免地要受社交网络分析的影响。社交网络分析指的是社交网络上下文，尤其是社交和网络结构特征的文本分析和多媒体分析。目前社交媒体分析的研究仍处在初级阶段。社交网络文本分析的应用包括关键字搜索、分类、聚类和异构网络中的迁移学习。关键字搜索尝试同时使用内容和链接行为来进行搜索。[①] 这一应用背后隐藏的含义为含有类似关键字的文本文档通常都链接在一起。在分类的过程中，假定社交网络中的节点都具有标签，然后再将这些加标签的节点用于分类目的。[②] 在聚类过程中，研究人员尝试确定具有类似内容的节点集，并以此进行聚类。[③] 鉴于社交网络包含有大量的相互链接的不

---

① T. Lappas, K. Liu, and E. Terzi, "Finding a team of experts in social networks", In: Proceedings of the 15th ACM SIGKDD international conference on knowledge discovery and data mining, 2009, pp. 467 – 476.

② T. Zhang, A. Popescul, and B. Dom, "Linear prediction models with graph regularization for web – page categorization", In: Proceedings of the 12th ACM SIGKDD international conference on Knowledge discovery and data mining, 2006, pp. 821 – 826.

③ Y. Zhou, H. Cheng, and J. X. Yu, "Graph clustering based on structural/attribute similarities", Proceedings of the VLDB Endowment, Vol. 2, No. 1, pp. 718 – 729, 2009.

同种类对象的信息，例如，文章、标签、图像和视频等，异构网络中的迁移学习旨在不同的链接之间迁移信息知识。① 社交网络中的多媒体数据集按照结构化的形式组织，并纳入了丰富的信息内容，例如，语义本体论、社会互动、社区媒体、地理地图以及多媒体意见。社交网络中的结构化多媒体分析研究也被称为多媒体信息网络。多媒体信息网络的链接结构主要为逻辑型结构，对多媒体网络中的多媒体来说是至关重要的。多媒体信息网络中的逻辑链接结构可以分为四类：语义本体、社区媒体、个人照片相册和地理位置。② 我们可以根据逻辑链接结构进一步改善检索系统③、推荐系统结果④、协作标签系统⑤和其他一些应用的结果。

（六）移动数据

移动数据随着移动计算的快速增长，世界上的移动终端（例如，移动电话、传感器等）和应用也越来越多。截至 2013 年 4 月，安卓应用提供了超过 650000 个应用，几乎涵盖了所有可以想见的种类。截至 2012 年年底，每个月的移动数据流量已经达到了 885 PB。⑥ 大量的数据和应用为移动分析开拓了广阔的研究领域，同时

① W. Dai, Y. Chen, G. - R. Xue, Q. Yang, and Y. Yu, "Translated learning: Transfer learning across different feature spaces", Proceedings of the Advances in Neural Information Processing Systems (NIPS), pp. 353 - 360, 2008.

② L. Mignet, D. Barbosa, and P. Veltri. The XML Web: A First Study [C]. In: Proceedings of the Twelfth International World Wide Web Conference. Budapest, Hungary: 2003, pp. 500 - 510.

③ M. Rabbath, P. Sandhaus, and S. Boll, "Multimedia retrieval in social networks for photo book creation", In: Proceedings of the 1st ACM International Conference on Multimedia Retrieval, 2011, pp. 72: 1 - 72: 2.

④ S. Shridhar, M. Lakhanpuria, A. Charak, A. Gupta, and S. Shridhar, "Snair: a framework for personalised recommendations based on social network analysis", In: Proceedings of the 5th International Workshop on Location - based Social Networks, 2012, pp. 55 - 61.

⑤ S. Maniu and B. Cautis, "Taagle: efficient, personalized search in collaborative tagging networks", In: Proceedings of the 2012 ACM SIGMOD International Conference on Management of Data, 2012, pp. 661 - 664.

⑥ Cisco, "Cisco visual networking index: Global mobile data traffic forecast update, 2012c2017", Cisco Report, Feb. 2013.

也带来了不少的挑战。总体上来说，移动数据的特征十分独特，例如，移动感知、活动灵敏、嘈杂而且有大量冗余。近来不同的领域中均出现了新的移动分析研究来应对挑战。由于移动分析研究远未成熟，我们仅介绍一些最近的而且最具有代表性的分析应用。

随着移动电话用户数量的增长以及功能的改善，移动电话如今能够建立和维护社区，包括基于地理位置的社区和基于不同文化兴趣的社区，例如，微信。传统的互联网社区或社交网络社区缺乏成员间的在线互动，而且只有在成员在个人电脑前时社区才会活跃。而与此相反，移动电话可以支持随时随地的交互。移动社区被定义为一群具有相同爱好（健康、安全、娱乐等）的人首先在网络上聚在一起，然后再亲自会面制定共同目标，商定措施以实现目标，再接着就开始实施计划。[①]

RFID（Radio Frequency Identification，射频识别））技术使得传感器可以在没有光线的情况下远距离读取与标签相关的唯一产品识别码（EPC）。[②] 这些标签可以按照符合成本效益的方式识别、定位、跟踪和监控物理对象，因此 RFID 广泛应用于库存管理和物流行业。

近年来无线传感器、移动通信技术和流处理领域的进展使得人们可以建立体域网来实时监测个人身体健康状况。

三　大数据的典型应用

（一）企业内部大数据应用

目前，大数据的主要来源和应用都是来自企业内部，BI（Busi-

---

①　Y. Rhee and J. Lee, "On modeling a model of mobile community: designing user interfaces to support group interaction", interactions, Vol. 16, No. 6, pp. 46 – 51, 2009.

②　J. Han, J. G. Lee, H. Gonzalez, and X. Li, in KDD, 2008: Proceeding of the 14th ACM SIGKDD international conference on knowledge discovery and data mining, New York, NY, USA, 2008.

ness Intelligence，商业智能）和 OLAP 可以说是大数据应用的前辈。企业内部大数据的应用，可以在多个方面提升企业的生产效率和竞争力，具体而言，在市场方面，利用大数据关联分析，更准确地了解消费者的使用行为，挖掘新的商业模式；在销售规划方面，通过大量数据的比较，优化商品价格；在运营方面，提高运营效率和运营满意度，优化劳动力投入，准确预测人员配置要求，避免产能过剩，降低人员成本；在供应链方面，利用大数据进行库存优化、物流优化、供应商协同等工作，可以缓和供需之间的矛盾、控制预算开支，提升服务。

在金融领域，企业内部大数据的应用发展快速。例如，招商银行通过数据分析识别出招行信用卡价值客户经常出现在星巴克、DQ、麦当劳等场所后，通过"多倍积分累计""积分店面兑换"等活动吸引优质客户；通过构建客户流失预警模型，对流失率等级前20％的客户发售高收益理财产品予以挽留，使得金卡和金葵花卡客户流失率分别降低了 15 个和 7 个百分点；通过对客户交易记录进行分析，有效识别出潜在的小微企业客户，并利用远程银行和云转介平台实施交叉销售，取得了良好成效。

当然最典型的应用还是在电子商务领域，每天有数以万计的交易在淘宝上进行，与此同时相应的交易时间、商品价格、购买数量会被记录。更重要的是，这些信息可以与买方和卖方的年龄、性别、地址，甚至兴趣爱好等个人特征信息相匹配。淘宝数据魔方是淘宝平台上的大数据应用方案，通过这一服务，商家可以了解淘宝平台上的行业宏观情况、自己品牌的市场状况、消费者行为情况等，并可以据此进行生产、库存决策。与此同时，更多的消费者也能以更优惠的价格买到更心仪的宝贝。而阿里信用贷款则是阿里巴巴通过掌握的企业交易数据，借助大数据技术自动分析判定是否给予企业贷款，全程不会出现人工干预。据透露，截至目前阿里巴巴已经放贷 300 多亿元，坏账率 0.3% 左右，大大低于商业银行。

（二）物联网大数据应用

物联网不仅是大数据的重要来源，还是大数据应用的主要市场。在物联网中，现实世界中的每个物体都可以是数据的生产者和消费者，由于物体种类繁多，物联网的应用也层出不穷。

在物联网大数据的应用上，物流企业应该深有体会。UPS 快递为了使总部能在车辆出现晚点的时候跟踪到车辆的位置和预防引擎故障，它的货车上装有传感器、无线适配器和 GPS。同时，这些设备也方便了公司监督管理员工并优化行车线路。UPS 为货车定制的最佳行车路径是根据过去的行车经验总结而来的。2011 年，UPS 的驾驶员少跑了近 4828 万公里的路程。

智慧城市，是一个基于物联网大数据应用的热点研究项目，图 7—2 显示了基于物联网大数据的智能城市规划。迈阿密戴德县，就是一个智慧城市的样板。佛罗里达州迈阿密戴德县与 IBM 的智慧城市项目合作，将 35 种关键县政工作和迈阿密市紧密联系起来，为政府领导在治理水资源、减少交通拥堵和提升公共安全方面制定决策时提供更好的信息支撑。IBM 使用云计算环境中的深度分析向戴德县提供智能仪表盘应用，帮助县政府各个部门实现协作化和可视化管理。智慧城市应用为戴德县带来了多方面的收益，如戴德县的公园管理部门今年因及时发现和修复跑冒滴漏的水管而节省了 100 万美元的水费。

（三）面向在线社交网络大数据的应用

在线社交网络，是一种在信息网络上由社会个体集合及个体之间的联结关系构成的社会性结构。在线社交网络大数据主要来自即时消息、在线社交、微博和共享空间四类应用。由于在线社交网络大数据，代表了人的各类活动，因此对于此类数据的分析得到了更

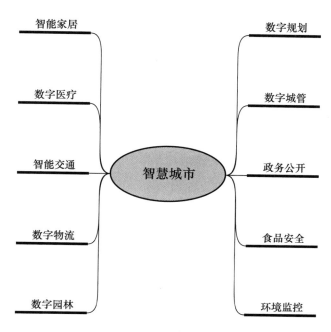

图7—2　基于物联网的智能城市

多关注和应用。在线社交网络大数据分析，是从网络结构、群体互动和信息传播三个维度，通过数学、信息学、社会学、管理学等多个学科的融合理论和方法，为理解人类社会中存在的各种关系提供一种可计算的分析方法。目前，在线社交网络大数据的应用包括网络舆情分析、网络情报搜集与分析、社会化营销、政府决策支持、在线教育等。

圣克鲁斯警察局，是美国警界最早应用大数据进行预测分析的试点，通过分析社交网络，可以发现犯罪趋势和犯罪模式，甚至可以对重点区域的犯罪概率进行预测。

2013年4月，美国计算搜索引擎 Wolfram Alpha，通过对 Facebook 中100多万美国用户社交数据进行分析，试图研究用户的社会行为规律。根据分析发现，大部分 Facebook 用户在20岁出头时开始恋爱，27岁左右时订婚，30岁左右结婚，而30—60岁，婚姻关系变化缓慢。这个研究结果与美国人口普查数据相比，几乎完全一致。

总体说来，在线社交网络大数据应用可以从以下 3 个方面帮助我们了解人的行为，以及掌握社会和经济活动的变化规律。

1. 前期警告。通过检测用户使用电子设备及服务中出现的异常，在出现危机时可以更快速地应对。

2. 实时监控。通过对用户当前行为、情感和意愿等方面的监控，可以为政策和方案的制定提供准确的信息。

3. 实时反馈。在实时监控的基础上，可以针对某些社会活动获得群体的反馈信息。

（四）医疗健康大数据应用

医疗健康数据是持续、高增长的复杂数据，蕴含的信息价值也是丰富多样。对其进行有效的存储、处理、查询和分析，可以开发出潜在价值。对于医疗大数据的应用，将会深远地影响人类的健康。

例如，安泰保险为了帮助改善代谢综合征患者进行预测，从千名患者中选择 102 个完成实验。在一个独立的实验室工作内，通过患者的一系列代谢综合征的检测试验结果，在连续 3 年内，扫描 600000 个化验结果和 18 万索赔事件。将最后的结果组成一个高度个性化的治疗方案，用以评估患者的危险因素和提供重点治疗方案。这样，医生可以通过食用他汀类药物及减重 5 磅等建议而减少未来 10 年内 50% 的发病率。或者通过个体目前体内高于 20% 的含糖量，而建议降低体内甘油三酯总量。

西奈山医疗中心（Mount Sinai Meddical Center）是美国最大最古老的教学医院，也是重要的医学教育和生物医药研究中心。该医疗中心使用来自大数据创业公司 Ayasdi 的技术分析大肠杆菌的全部基因序列，包括超过 100 万个 DNA 变体，用来了解为什么菌株会对抗生素产生抗药性。Ayasdi 的技术使用了一种全新的数学研究方法——拓扑数据分析（Topological data analysis），来了解数据的特征。

微软的 HealthVault，是一个出色的医学大数据的应用，它是 2007 年发布的，目标是希望管理个人及家庭的医疗设备中的个人健康信息。现在已经可以通过移动智能设备录入上传健康信息，而且还可以在第三方的机构导入个人病历记录，此外通过提供 SDK 以及开放的接口，实现与第三方应用的集成。

（五）群智感知

随着技术的发展，智能手机和平板电脑等移动设备集成了越来越多的传感器，计算和感知能力也愈加强大。在移动设备被广泛使用的背景下，群智感知开始成为移动计算领域的应用热点。大量用户使用移动智能设备作为基本节点，通过蓝牙、无线网络和移动互联网等方式进行协作，分发感知任务，收集、利用感知数据，最终完成大规模、复杂的社会感知任务。群智感知对参与者的要求很低，用户并不需要相关的专业知识或技能，只需拥有一台移动智能设备。

众包（Crowdsourcing）是一种极具代表性的群智感知模式，是一种新型的解决问题的方式。众包以用户为基础，以自由参与的方式分发任务。目前众包已经被运用于人力密集的应用，如语言翻译、语音识别、图像地理信息标记、定位与导航、城市道路交通感知、市场预测、意见挖掘等方面。众包的核心思想是将任务分而治之，通过参与者的协作来完成个体不可能或者说根本想不到要完成的任务。无须部署感知模块和雇用专业人员，众包就可以将感知范围扩展至城市规模甚至更大。

其实，众包的应用早于大数据的兴起，宝洁、宝马、奥迪等许多公司，都曾借助众包提升自身的研发和设计能力。而在大数据时代，空间众包服务（Spatial Crowdsourcing）成为了大家关注的热点。空间众包服务的工作框架如下：服务请求方要求获取与特定地点相关的资源，而愿意接受任务请求的参与者将到达指定地点，利用移动设备获取相关数据（视频、音频、图片），最后将这些数据发送给服务请求方。随着移动设备使用的高速增长以及移动设备提供的功能越来越复杂，可以预见空间众包将会变得比传统形式的众包服务更加流行，如 Amazon Turk① 和 Crowdflower②。

（六）智能电网

智能电网，是指将现代信息技术融入传统能源网络构成新的电网，通过用户的用电习惯等信息，优化电能的生产、供给和消耗，是大数据在电力系统上的应用。智能电网可以解决以下几方面的问题。

1. 电网规划

通过对智能电网中的数据进行分析，可以知道哪些地区的用电负荷和停电频率过高，甚至可以预测哪些线路可能出现故障。这些分析结果，有助于电网的升级、改造、维护等工作。例如，美国加州大学洛杉矶分校的研究者就根据大数据理论设计了一款"电力地图"，将人口调查信息、电力企业提供的用户实时用电信息和地理、气象等信息全部集合在一起，制作了一款加州地图。该图以街区为单位，显示每个街区在当下时刻的用电量，甚至还可以将这个街区的用电量与该街区人的平均收入和建筑物类型等进行比照，从而得出更为准确的社会各群体的用电习惯信息。这个地图为城市和电网规划提供了直观有效的负荷数预测依据，也

---

① Paolacci G. , Chandler J. , Ipeirotis P. Running experiments on amazon mechanical turk ［J］. Judgment and Decision Making, 2010, 5 (5), pp. 411 – 419.

② Finin T. , Murnane W. , Karandikar A. , et al. Annotating named entities in Twitter data with crowdsourcing ［C］ //Proceedings of the NAACL HLT 2010 Workshop on Creating Speech and Language Data with Amazon's Mechanical Turk. Association for Computational Linguistics, 2010, pp. 80 – 88.

可以按照图中显示的停电频率较高、过载较为严重的街区进行电网设施的优先改造。

2. 发电与用电的互动

理想的电网，应该是发电与用电的平衡。但是，传统电网的建设是基于发—输—变—配—用的单向思维，无法根据用电量的需求调整发电量，造成电能的冗余浪费。为了实现用电与发电的互动，提高供电效率，研究者开发出了智能的用电设备——智能电表。得克萨斯电力公司（TXU Energy）已经广泛使用智能电表，并取得了巨大的成效。供电公司能每隔 15 分钟就读一次用电数据，而不是过去的一个月一次。这不仅仅节省了抄表的人工费用，而且由于能高频率快速采集、分析用电数据，供电公司能根据用电高峰和低谷时段制定不同的电价，利用这种价格杠杆来平抑用电高峰和低谷的波动幅度，智能电表和大数据应用让分时动态定价成为可能，而且这对于 TXU Energy 和用户来说是一个双赢变化。

3. 间歇式可再生能源的接入

目前许多新能源也被接入电网，但是风能和太阳能等新能源，其发电能力与气候条件密切相关，具有随机性和间歇性的特点，因此难以直接并入电网。如果通过对电网大数据的分析，则可对这些间歇式的新能源进行有效调节，在其产生电能时，根据电网中的数据将其调配给电力紧缺地区，与传统的水火电能形成有效的互补。

四　大数据的研究现状及发展趋势

大数据应用面临着许多挑战，而目前的研究仍处于初期阶段，仍需要进行更多的研究工作来解决数据展示、数据储存以及数据分析的效率等问题。表 7—3，显示了目前大数据研究所取得的成果。

表 7—3 大数据相关技术一览

类别		代表性例子
平台	本地	Hadoop、MapR、Cloudera、Hortonworks、InfoSphere BigInsights、ASTERIX
	云	AWS、Google Compute Engine、Azure
数据库	SQL	Greenplum、Aster Data、Vertica
	NoSQL	HBase、Cassandra、MongoDB、Redis
	NewSQL	Spanner、MegaStore、F1
数据仓库		Hive、HadoopDB、Hadapt
数据处理	批处理	MapReduce、Dryad
	流处理	Storm、S4、Kafka
查询语言		HiveQL、Pig Latin、DryadLINQ、MRQL、SCOPE
统计分析 机器学习		Mahout、Weka、R
日志处理		Splunk、Loggly

（一）基础理论研究

虽然大数据在学术和工业界是一个热点话题，但是有关它的一些科学问题并没有得到完整的解决。

1. 大数据的基本问题。包括大数据的科学定义，大数据的结构模型，大数据的形式化表述，数据科学的理论体系等。现在有关大数据的讨论，并没有一个形式化、结构化的描述，无法严格界定并验证什么是大数据。

2. 大数据的标准化工作。包括数据质量的评价体系，数据计算效率的评估标准等。很多大数据应用的解决方案都声称可以在各方面提升数据的处理分析能力，但是目前缺少一个统一的评估标准，以数学方法衡量大数据的计算效率，只能以实施大数据应用后的增益来评价其性能。这样无法横向比较各解决方案之间的优劣，甚至无法了解采用大数据方案前后的效率对比。此外，数据质量是数据预处理，数据的精简和筛选的一个重要依据，因此如何有效地评价数据质量也是一个急需解决的问题。

3.大数据计算模式的变革。包括外存模型，数据流模型，PRAM 模型，MR 模型等。大数据的出现，引发了算法设计的发展，算法已经从计算密集型转化为数据密集型。数据转移，已经是大数据计算问题的主要瓶颈。因此，出现了很多专门针对大数据的新型计算模型，今后肯定还会出现更多的模型。

（二）关键技术研究

大数据技术尚处于起步阶段，还有很多关键技术问题，如云计算、网格计算、流运算、并行计算、大数据体系结构、大数据的变成模型、支持大数据的软件系统等，还需要深入研究。

1.大数据格式的转化

大数据由于其数据来源广泛且种类繁多，因此异构性、异质性一直是大数据的特点，也是制约数据格式转化效率的关键。如果可以提高大数据格式转化的效率，那么大数据的应用可以获得更高的价值。

2.大数据的转移

大数据的转移，主要涉及大数据的生成、采集、传输、存储等数据在空间位置的变换。前面提到过，大数据环境下转移数据的消耗很大，是大数据计算的瓶颈。但是，数据的转移是不可避免的，因此如何提高数据的转移速率，是提升大数据计算的关键。

3.大数据的实时性

针对不同的应用场合，大数据应用的实时性是一个核心问题。如何定义数据的生命周期，如何计算数据的"折旧率"，如何建立实时应用和在线应用的计算模型，这些都会影响大数据分析反馈结果的价值。

4. 大数据的处理

随着大数据的发展，对于大数据的处理也从简单的数据分析衍生出新的问题：数据再利用，大数据的一个典型特征就是价值大而密度低，随着数据规模的增大，对已有数据进行再次利用，会发掘出更多的价值；重组数据，将处于不同业务中的数据集进行重组，重组后的数据价值总和比单个数据集的总和还大；数据废气，数据废气就是数据采集过程中的错误数据，在大数据环境下并不是只有正确的数据才可以被利用，就像工业废气一样，错误的数据也可以被利用。

（三）应用实践研究

尽管现在已经有很多成功的大数据应用案例，但是在实践过程中仍然存在着诸多问题亟待解决。

1. 大数据管理。新的挑战。目前，针对大数据管理的研究主要有适用于大数据的数据库和互联网应用，适用于新型硬件的存储模型和数据库，异构和多结构化数据的集成，移动和普适计算的数据管理，社交网络的数据管理，分布式数据管理等。

2. 大数据搜索、挖掘与分析。数据处理一直是大数据领域的研究热点，如模型社交网络的搜索与挖掘，大数据搜索算法，分布式搜索，P2P搜索，大数据的可视化分析，海量推荐系统和社交媒体系统，实时大数据挖掘，图像挖掘，文本挖掘，语义挖掘，多结构化数据挖掘，机器学习等。

3. 大数据的集成和世系。上文提到过，将多个数据集进行综合利用获得的价值，远超过个体价值的总和。因此，如何将不同的数据源整合在一起是亟待解决的问题。数据集成就是要将不同来源不同的数据集进行整合，数据集成面临许多问题，如数据模式不同、冗余数据量大等问题。数据世系，是用来描述数据的产生、并随时间推移而演化的过程信息。[①] 在大数据时代，数据世系的研究对象更多的是多个数据集，而不仅是单个数据集。因此，如何将来自不同数据集具有不同标准的数据世系信息整合，是值得研究的问题。

4. 大数据应用。目前对大数据的应用还处于起步阶段，我们需要探索更多、更高效地利用大数据的模式。因此，科学、工程、医学、医疗、金融、商务、法律、教育、运输、零售、电信等特定领域的大数据应用，中小企业大数据应用，公共管理部门大数据应用，大数据服务，大数据人机交互等都具有较高的研究意义。

（四）数据安全研究

信息技术中，安全和隐私一直是重点问题。大数据时代，随着数据的增多，数据存在更严峻的安全风险，传统的数据保护方法已经不适用于大数据，大数据安全面对挑战。

1. 大数据的隐私

大数据时代，数据的隐私问题包括两个方面：一方面是个人隐私的保护，随着数据采集技术的发展，用户无法察觉，个人的兴趣、习惯、身体特征等隐私信息可以被更容易地获取；另一方面，即使得到用户的许可，个人隐私数据在存放、传输和使用的过程中，也有被泄露的风险。大数据的分析能力导致看似简单的信息可能会被挖掘出其中的隐私，因此大数据时代的隐私保护将成为新的命题。

2. 数据质量

数据质量，影响着大数据的利用，低质量的数据不仅浪费了传输和存储资源，甚至无法被利用。制约数据质量的因素有很多，在生成、采集、传输和存储的过程中，都可能影响数据质量。数据质

---

① 高明、金澈清、王晓玲等：《数据世系管理技术研究综述》，《计算机学报》2010 年第 3 期。

量具体表现在：准确性、完整性、冗余性、一致性。虽然有很多提升数据质量的措施，但是数据质量的问题是不可能完全解决的。因此，需要研究一种方法，可以对数据质量进行自动检测，并可以自行修复部分出现质量问题的数据。

3. 大数据安全机制

大数据在数据规模和数据种类方面，给数据加密带来了挑战。以前针对中小规模的加密方法在性能上无法满足大数据的要求，需要研究高效的大数据密码学。针对不同结构的结构化、半结构化和非结构化数据，需要研究如何有效地进行安全管理、访问控制和安全通信。此外，在多租户的模式下，需要在保证效率的前提下，实现租户数据的隔离性、保密性、完整性、可用性、可控性和可追踪性。

4. 信息安全领域的大数据应用

大数据不仅给信息安全带来了挑战，也为信息安全的发展注入了新的动力。例如，通过对入侵检测系统的日志文件进行大数据分析，可以发现潜在的安全漏洞隐患以及 APT（Advanced Persistent Threat，高级可持续性威胁）。此外，病毒特征、漏洞特征和攻击特征等信息也更容易通过大数据分析而被掌握。

综上所述，大数据的安全问题已经被国内外研究学者高度关注，然而，目前在多源异构大数据的表示、度量和语义理解方法，建模理论和计算模型，能效优化的分布存储和处理的硬件及软件系统架构等方面的相关研究还并不多见，特别是在大数据安全方面，包括大数据的可信性问题、针对各应用领域的大数据备份与恢复技术、大数据完整性维护技术、大数据安全保密技术等还需进行进一步研究。

（五）大数据的发展趋势

大数据的出现，开启了一次重大的时代转型。在 IT 时代，以前 T（Technology，技术）才是大家关注的重点，是技术推动了数据的发展；如今数据的价值凸显，I（Information，信息）的重要性日益提高，今后将是数据推动技术的进步。大数据不仅改变了社会经济生活，也影响了每个人的生活和思维方式，而这样的改变才刚刚开始。

1. 规模更大、种类更多、结构更复杂的数据

虽然目前以 Hadoop 为代表的技术取得了巨大的成功，但是根据大数据迅猛的发展速度，这些技术肯定也会落伍，被淘汰。就如同 Hadoop，它的理论基础早在 2006 年就已诞生，为了能更好地应对未来规模更大、种类更多、结构更复杂的数据，很多研究者已经开始关注此问题，其中最为著名的当属谷歌的全球级的分布式数据库 Spanner①，以及可容错可扩展的分布式关系型数据库 F1②。在未来，大数据的存储技术将建立在分布式数据库的基础上，支持类似于关系型数据库的事务机制，可以通过类 SQL 语法高效地处理数据。

2. 数据的资源化

既然大数据中蕴藏着巨大的价值，那么掌握大数据就掌握了资源。从大数据的价值链分析，其价值来自数据本身、技术和思维，而核心就是数据资源，离开了数据，技术和思维是无法创造价值的。不同数据集的重组和整合，可以创造出更多的价值。今后，掌控大数据资源的企业，将数据使用权进行出租和转让就可以获得巨大的利益。

---

① Corbett J. C．，Dean J．，Epstein M．，et al. Spanner：Google's globally – distributed database［C］//Proceedings of OSDI. 2012，1.

② Shute J．，Oancea M．，Ellner S．，et al. F1：the fault – tolerant distributed RDBMS supporting google's ad business［C］//Proceedings of the 2012 ACM SIGMOD International Conference on Management of Data. ACM，2012，pp. 777 – 778.

3. 大数据促进科技的交叉融合

大数据不仅促进了云计算、物联网、计算中心、移动网络等技术的充分融合，还催生了许多学科的交叉融合。大数据的发展，既需要立足于信息科学，探索大数据的获取、存储、处理、挖掘和信息安全等创新技术与方法，也需要从管理的角度探讨大数据对于现代企业生产管理和商务运营决策等方面带来的变革与冲击。而在特定领域的大数据应用，更需要跨学科人才的参与。表7—4显示了与大数据相关的技术和学科预计的发展时间表。

表 7—4　　　　　　大数据相关技术和学科预计的发展时间

发展时间	技术萌芽期	期望膨胀期	泡沫谷底期	稳步爬升期	生产高峰期
<2 年 高峰期到来			虚拟桌面	多媒体平板 理念管理	预测分析
2—5 年 高峰期到来	硅阳极电池	大数据 无线充电 BYOD 社交分析 私有云计算 内存数据库 活动流	NFC 云计算 手势控制 内存分析 文本分析 移动 OTA 支付	IT 消费化 生物特征识别 语音识别	
5—10 年 高峰期到来	自动内容识别 3D 扫描 自动驾驶 自然语言问答 语音翻译	众包 游戏化 HTML5 混合云计算 3D 打印 复合事件处理 App 市场 增强实现	NFC 支付 互联网电视 语音挖掘 机器间通信 家庭健康监控 虚拟世界	消费级车联网	

续表

发展时间	技术萌芽期	期望膨胀期	泡沫谷底期	稳步爬升期	生产高峰期
>10 年 高峰期到来	人机技能增进 量子计算 3D 生物打印 全息显示 移动机器人 物联网		无线传感网络		

4. 大数据可视化

在许多人机交互场景中，都遵循 WYSIWYG（What You See Is What You Get，所见即所得）的原则，如文本和图像编辑器等。在大数据应用中，混杂的数据本身是难以辅助决策的，只有将分析后的结果以友好的形式展现，才会被用户接受并加以利用。报表、直方图、饼状图、回归曲线等经常被用于表现数据分析的结果，以后肯定会出现更多的新颖的表现形式，如微软的"人立方"社交搜索引擎使用关系图来表现人际关系。

5. 面向数据

程序是数据结构和算法，而数据结构就是存储数据。在程序设计的发展历程中，也可以看出数据的地位越来越重要。在逻辑比数据复杂的小规模数据时代，程序设计以面向过程为主；随着业务数据的复杂化，催生了面向对象的设计方法。如今，业务数据的复杂度已经远远超过业务逻辑，程序也逐渐从算法密集型转向数据密集型。可以预见，未来一定会出现面向数据的程序设计方法，如同面向对象一样，在软件工程、体系结构、模式设计等方面对 IT 技术的发展产生深远的影响。

6. 大数据引发思维变革

在大数据时代，数据的收集、获取和分析都更加快捷，这些海量的数据将对我们的思考方式产生深远的影响。在参考文献［18］中，对大数据引发的思维变革进行了总结。

（1）分析数据时，要尽可能地利用所有数据，而不只是分析少量的样本数据。

（2）相比于精确的数据，我们更乐于接受纷繁复杂的数据。

（3）我们应该更为关注事物之间的相关关系，而不是探索因果关系。

（4）大数据的简单算法比小数据的复杂算法更为有效。

（5）大数据的分析结果将减少决策中的草率和主观因素，数据科学家将取代"专家"。

7. 以人为本的大数据

纵观人类社会的发展史，人的需求及意愿始终是推动科技进步的源动力。在大数据时代，通过挖掘和分析处理，大数据可以为人的决策带来参考，但是并不能取代人的思考。正是人的思维，才促使产生众多利用大数据的应用产生，而大数据更像是人大脑功能的延伸和扩展，而不是大脑的替代品。随着物联网的兴起，移动感知技术的发展，数据采集技术的进步，人不仅是大数据的使用者和消费者，还是生产者和参与者。基于大数据的社会关系感知、众包、社交网络大数据分析等与人的活动密切相关的应用，在未来会受到越来越多的关注，也必将引起社会活动的巨大变革。

第八章

总　　结

　　本书是关于大规模半结构化数据模式提取、节点编码、索引与查询处理关键算法的研究。针对半结构化数据的元素内容模型，本书提出并实现了一种非正则表达式的，基于集合/序列模式的提取方法——XTree算法；基于前缀的节点编码方案，本书提出并实现了一种以二进制真分数为层标示的，支持节点动态更新的半结构化数据节点编码方案——D2编码方案；在D2 - Index节点编码方案的基础上，本书提出并实现了一种大规模半结构化数据的索引策略——D2 - Index索引策略，以及一种高效的、支持以XPath为基础的CAS语言的查询处理方法。本章将总结归纳本书已获得的研究成果以及主要内容，并对未来的研究工作做出展望。第一节将总结本书所取得的研究成果及主要内容；第二节将展望今后的研究方向。

第一节　主要内容

　　半结构化数据，由于其易于扩展的结构特征，逐渐在各领域得到广泛的应用，已经成为许多行业存储和交换数据的标准和规范。但是，随着半结构化数据的推广，其数据规模越来越庞大，传统的基于关系型数据库的存储和管理方式在效率和效果上均呈现出不足。因此，在当前云计算和物联网飞速发展的时代背景下，如何对大规模半结构化数据进行有效的管理，在学术界是一个重要的理论研究课题，而在工业界又是一项具有广阔应用前景的技术。本书以XML为代表，探讨了大规模半结构化数据管理中的关键问题——模式提取、节点编码、索引与查询处理等研究课题。主要研究内容如下。

（1）针对现有基于正则表达式的模式提取方法的不足之处，本书根据 XML Schema 规范中元素内容模型的特点，提出了 XTree 算法，该算法可以快速、准确地并发提取多个大规模（GB 级）XML文档的模式。该算法和基于正则表达式的算法最显著的区别在于，XTree 对于元素内容模型的提取加入了对元素内容模型是否有序的区分，有效地提高了提取模式的准确性，并且降低了算法的时间复杂度和空间复杂度。

（2）针对现有半结构化数据节点编码方案的不足之处，本书提出了 D2 编码方案，该算法在静态编码和动态编码中都体现出良好的性能，且易于二进制串行化和反串行化，具有较高的实用价值。和其他半结构化数据节点编码方案相比，D2 编码最显著的特点在于，突破了传统的以整数作为层标识的限制，采用二进制真分数作为层标识，由于真分数的取值区间是无穷的，所以可以保证在任意位置插入节点都存在有效的编码。

（3）本书在综合考虑目前已有的关系型数据库和大规模半结构化数据的索引技术的优缺点之后，提出一套完善的索引方案——D2 - Index 索引策略，能够支持高效的查询处理。它并不只使用了一种单一的索引技术，而是参考和借鉴了多种技术，如节点编码索引、结构索引和倒排索引等。D2 - Index 索引策略的最显著之处在于，它的索引文件包括了主索引、路径辅助索引和值辅助索引，这三种索引都采用分块存储的方式提高索引的查找和修改效率。此外，由于是基于 D2 编码方案的，所以 D2－Index 索引策略可以有效地支持节点的动态更新。

（4）根据目前对于大规模半结构化数据查询处理的研究，本书提出一种以 D2－Index 索引策略为基础，支持基于 XPath 表达式的 CAS 查询语言的查询处理。这种查询处理最大的特点在于，将输入的合法 CAS 语句拆分为多个 BXCAS 语句，再对拆分的语句按顺序进行处理，根据 D2－Index 策略中的路径和值辅助索引，获取符合查询条件的节点集合的 D2 物理编码，再从主索引中获知其在源数据中的位置信息，最终以异步的方式输出结果。

第二节　未来研究展望

本书对大规模半结构化数据模式提取、节点编码、索引与查询处理关键算法进行了探索和讨论，并取得了一定的研究成果。经理论分析和实证研究表明，本书提出的基于集合/序列的模式提取算法 XTree，基于二进制真分数的前缀编码方案 D2，D2－Index 索引策略以及基于该策略的处理查询，具有一定的创新性，具有一定的理论研究和实际应用价值。但是，本书的研究尚有不足之处，仍然有许多问题需要加以深入研究，今后亟待研究的内容主要包括：

一　大规模半结构化数据模式的更新

在实际应用中，除了不提供模式和提供错误模式外，半结构化数据的更新可能会对已有的模式产生影响，但是使用者往往会忽视对已有模式进行相应的变更。但是本书提出的 XTree 算法，只能对整个半结构化数据集提取模式，当已提取过模式的数据集的结构发生变化时，XTree 算法并不支持动态更新，只能对整个数据集再次进行模式提取。如果 XTree 算法可以支持结构的动态更新，那么只需根据结构的变动，对已有的模式做相应的调整，将极大地提高算法的效率和实用性。

二　大规模半结构化数据的信息检索

随着半结构化数据被广泛应用，信息检索已经得到众多研究人员的重视。信息检索和本书所介绍的查询处理不同，信息检索可以是在不知道或者不关注半结构化数据的结构特征的前提下，只输入关键字，就可以获得检索结果。在本书的 D2 – Index 索引策略和查询处理的研究成果上，可以对大规模半结构化数据的分词处理、关键字索引的建立以及检索结果聚类等相关课题进行深入研究。

三　分布式半结构化数据的管理

随着云计算和物联网技术的发展，越来越多的半结构化数据是存储在分布式的网络当中。如何在分布式的网络系统中，对半结构化数据进行管理，被学术界和工业界重视。研究在对于集中式半结构化数据相关研究的基础上，考虑数据的分布式存储、索引的分布、查询路由算法等不同之处，可以深入研究对于分布式半结构化数据的模式的提取，节点编码方案，索引策略，以及查询处理等问题。

总而言之，对于大规模半结构化数据相关技术的研究正处于起步阶段，许多关键问题还需要解决。随着云计算和物联网的蓬勃发展，大量大规模半结构化数据的涌现，需要对大规模半结构化数据相关技术进行更加深入的研究，尤其是模式的动态更新、信息检索和分布式管理，这既是具有挑战性的研究热点，也是未来的研究方向。

参考文献

一 中文文献

[1] Abraham Silberschatz，Henry F. Korth，S. Sudarshan：《数据库系统概念》，杨冬青、唐世渭译，机械工业出版社 2004 年版。

[2] 陈滢、王能斌：《半结构化数据查询的处理和优化》，《软件学报》1999 年第 8 期。

[3] 高明、金澈清、王晓玲等：《数据世系管理技术研究综述》，《计算机学报》2010 年第 3 期。

[4] 桂卫华、刘晓颖：《基于人工智能方法的复杂过程故障诊断技术》，《控制工程》2002 年第 4 期。

[5] 李德仁、王树良、李德毅等：《论空间数据挖掘和知识发现的理论与方法》，《武汉大学学报》（信息科学版）2002 年第 3 期。

[6] 刘丹、孔少华、陆伟：《XML 检索研究综述》，《现代图书情报技术》2001 年第 4 期。

[7] 梅宏、王千祥、张路等：《软件分析技术进展》，《计算机学报》2009 年第 9 期。

[8] 孟小峰、慈祥：《大数据管理：概念、技术与挑战》，《计算机研究与发展》2013 年第 1 期。

[9] 宁静、刘杰、叶丹：《一种基于内容模型图的 XML Schema Definition 的提取方法》，《计算机科学》，Vol. 6，No. 37，2010。

[10] Prisciall Walmsley：《XQuery 权威指南》，王银辉译，电子工业出版社 2009 年版。

[11] 宋国杰、唐世渭、杨冬青等：《数据流中异常模式的提取与趋势监测》，《计算机研究与发展》2004 年第 10 期。

[12] 覃雄派、王会举、李芙蓉等：《数据管理技术的新格局》，《软件学报》2013 年第 2 期。

[13] 汪陈应：《XML 数据编码与存储管理关键技术研究》，博士论文，南开大学，2010 年。

[14] 汪陈应、袁晓洁、王鑫等：《BSC：一种高效的动态 XML 树编码方案》，《计算机科学》2008 年第 3 期。

[15] 王竞原、胡运发、葛家翔：《一种新的 XML 索引结构》，《计算机应用与软件》2008 年第 3 期。

[16] 维克托·迈尔 – 舍恩伯格、肯尼思·库克耶：《大数据时代》，盛杨燕、周涛译，浙江工业出版社。

[17] 夏立新：《XML 文档全文检索的理论与方法》，科学出版社 2011 年版。

[18] 袁俊、王增武、廖德钦：《XML 原理及应用》，电子科技大学出版社 2004 年版。

[19] 张海威、袁晓洁、杨娜等：《元素路径模型：高效的 XML Schema 提取方法》，《计算机工程》2008 年第 2 期。

[20] 张伟业、贺飞、顾明：《基于 OIM 数据对象模型的数据交换系统研究》，《计算机应用研究》2005 年第 11 期。

[21] 张晓琳、陈向阳、路皓：《基于结构索引的 XML 数据流的 XPath 查询技术》，《计算机与信息技术》2010 年第 6 期。

[22] 张永财、聂华北：《以节点编码为技术的 XML 数据编码方案

综述》,《电脑与电信》2009 年第 4 期。

二 英文文献

［1］ Airi Salminen, Frank Tompa, *Communicating with XML*, New York：Springer, 2011.

［2］ A. J. Hey, S. Tansley, K. M. Tolle et al. , "The fourth paradigm：dataintensive scientific discovery", 2009.

［3］ Altova. XMLSpy ［EB/OL］. Available at：http：//www. altova. com/products/xmlspy/xmlspy. html.

［4］ Amer – Yahia S. , Lakshmanan L. , Pandit S. , "FleXPath：Flexible Structure and Full – text Querying for XML", In：Proceedings of the 23rd ACM International Conference on Management of Data, 2004, pp. 83 – 94.

［5］ Amer – Yahia S. , Lalmas M. , "XML Search：Languages, INEX and Scoring", In：Proceedings of the 25th ACM International Conference on Management of Data, 2006, pp. 16 – 23.

［6］ A. Ninagawa and K. Eguchi, "Link prediction using probabilistic group models of network structure", In：Proceedings of the 2010 ACM Symposium on Applied Computing, 2010.

［7］ Araneus. ACM SIGMOD Record：XML Version ［EB/OL］. Available at：http：//www. dia. uniroma3. it/Araneus/Sigmod/.

［8］ A. Ritter, S. Clark, Mausam, and O. Etzioni, "Named entity recognition in tweets：an experimental study", In：Proceedings of the Conference on Empirical Methods in Natural Language Processing, 2011.

［9］ Berman L. , Diaz A. Data Descriptors by Example ［EB/OL］. Availableat：http：//www. alphaworks. ibm. com/tech/DDbE.

[10] Bex G. , et al. , "Inference of Concise DTDs from XML Data", In: Proceedings of the 32nd International Conference on Very Large Data Bases. Seoul, Korea: VLDB Endowment, 2006.

[11] Bex G. J. , Neven F. , Vansummeren S. , "Inferring XML Schema Definitions from XML Data", In: Proceedings of the 33rd International Conference on Very Large Data Bases. Vienna, Austria: VLDB Endowment, 2007.

[12] (2008) Big data. Nature. [Online]. Available: http://www. nature. com/news/specials/bigdata/index. html.

[13] B. Mark, "Gartner says solving 'big data' challenge involves more than just managing volumes of data", Gartne, Tech. Rep. , Jun. 2011.

[14] Bohnle T. , Rahm E. , "Supporting Efficient Streaming and Insertion of XML Data in RDBMS", In: Proceedings of the 3rd International Workshop Data Integration over the Web (DIWeb), 2004, pp. 70 − 81.

[15] Boulon J. , Konwinski A. , Qi R. , et al. Chukwa, a large − scale monitoring system [C] //Proceedings of CCA. 2008, 8.

[16] B. Pang and L. Lee, "Opinion mining and sentiment analysis", Found. Trends Inf. Retr. , Vol. 2, No. 1 − 2, 2008.

[17] C. Batini, M. Lenzerini, and S. B. Navathe, "A Comparative Analysis of Methodologies for Database Schema Integration", ACM Computing Surveys, Vol. 18, No. 4, 1986.

[18] C. C. Aggarwal. *An introduction to social network data analytics*. Springer, 2011.

[19] C. D. Manning and H. Schutze, *Foundations of Statistical Natural Language Processing*. Cambridge, MA: The MIT Press, 1999.

［20］ Cisco, "Cisco visual networking index: Global mobile data traffic forecast update, 2012c2017", Cisco Report, Feb. 2013.

［21］ C. M. Eastman, Y. ‒ S. Jeong, R. Sacks, I. Kaner, "Exchange Model and Exchange Object Concepts for Implementation of National BIM Standards". Journal of Computing in Civil Engineering, Vol. 24, No. 1, 2010.

［22］ Cohen S., Mamou J., Kanza Y., "XSEarch: A Semantic Search Engine for XML", In: Proceedings of the 29th ACM International Conference on Very Large Data Bases, 2003, pp. 45 ‒ 56.

［23］ Corbett J. C., Dean J., Epstein M., et al. Spanner: Google's globally ‒ distributed database ［C］ //Proceedings of OSDI. 2012, 1.

［24］ C. Qun, A. Lim, K. W. Ong, "D（k） ‒ index: An Adaptive Structural Summary for Graph ‒ structured Data", In: SIGMOD Conference, 2003.

［25］ D. Ding, F. Metze, S. Rawat, P. F. Schulam, S. Burger, E. Younessian, L. Bao, M. G. Christel, and A. Hauptmann, "Beyond audio and video retrieval: towards multimedia summarization", In: Proceedings of the 2nd ACM International Conference on Multimedia Retrieval, 2012.

［26］ Denilson Barbosa, Laurent Mignet, Pierangelo Veltri, "Studying the XML Web: Gathering Statistics from an XML Sample", In: World Wide Web, 2005, Vol. 8, No. 4, pp. 413 ‒ 438.

［27］ Dietz P. F., "Maintaining Order in a Linked List", In: Proceeding of the 14th annual ACM Symposium on Theory of Computing. New York: ACM Press, 1982, pp. 122 ‒ 127.

［28］ D. J. Watts, *Six degrees: The science of a connected age*. WW Norton, 2004.

[29] D. Konopnicki and O. Shmueli, "W3qs: A query system for the worldwide web", In: Proceedings of the 21th International Conference on Very Large Data Bases, 1995.

[30] D. Laney, "3d data management: Controlling data volume, velocity and variety", Gartne, Tech. Rep., Feb. 2001.

[31] D. M. Blei, "Probabilistic topic models", Commun. ACM, Vol. 55, No. 4, 2012.

[32] D. M. Dunlavy, T. G. Kolda, and E. Acar, "Temporal link prediction using matrix and tensor factorizations", ACM Trans. Knowl. Discov. Data, Vol. 5, No. 2, 2011.

[33] Don Chamberlin, Jonathan Robie, Daniela Florescu, "Quilt: An XML Query Language for Heterogeneous Data Sources", Lecture Notes in Computer Science, 1997: 1 – 25, 2001.

[34] Duong M., Zhang Y., "A New Labeling Scheme for Dynamically Updating XML Data", In: Proceedings of ADC, 2005, pp. 185 – 193.

[35] E. Meijer, "The world according to linq", Commun. ACM, Vol. 54, No. 10, 2011.

[36] E. Zheleva, H. Sharara, and L. Getoor, "Co – evolution of social and affiliation networks", In: Proceedings of the 15th ACM SIGKDD international conference on Knowledge discovery and data mining, 2009.

[37] (2012) Fact sheet: Big data across the federal government. [Online]. Available: http://www.whitehouse.gov/sites/default/files/microsites/ostp/big data fact sheet 3 29 2012.pdf.

[38] Fernandez M., Suciu D., "Optimizing Regular Path Expressions Using Graph Schemas", In: Proceedings of the 14th International

Conference on Data Engineering. Los Alamitos, 1996, pp. 14 –23.

[39] Finin T., Murnane W., Karandikar A., et al. Annotating named entities in Twitter data with crowdsourcing [C] //Proceedings of the NAACL HLT 2010 Workshop on Creating Speech and Language Data with Amazon's Mechanical Turk. Association for Computational Linguistics, 2010.

[40] Fuhr N., Gro –johann K., "XIRQL: A Query Language for Information Retrieval in XML Documents", In: Proceedings of the 24th Annual International ACM SIGIR Conference, 2001, pp. 172 –180.

[41] Geert Jan Bex, Frank Neven, Jan Van den Bussche, "DTDs versus XML Schema: A Practical Study", In: Proceedings of WebDB, 2004, pp. 79 –84.

[42] Geert Jan Bex, Wim Martens, Frank Neven, Thomas Schwentick, "Expressiveness of XSDs: From Practice to Theory, There and Back Again", In: Proceedings of the 14th International World Wide Web Conference. Chiba, Japan, 2005, pp. 712 –721.

[43] Gerome Miklau. XML Data Repository [EB/OL]. Available at: http: //www. cs. washington. edu/research/xmldatasets/.

[44] Goodhope, Ken, et al. "Building LinkedIn's Real –time Activity Data Pipeline", IEEE Data Eng. Bull. Vol. 35, No. 2, 2012.

[45] G. Salton, *Automatic Text Processing*, Reading. MA: Addison Wesley, 1989.

[46] Guo L., Shao F., Botev C., "XRANK: Ranked Keyword Search over XML Documents", In: Proceedings of the 22nd ACM International Conference on Management of Data, 2003, pp. 16 –27.

[47] Hand D. J. , "Principles of data mining", Drug safety, Vol. 30, No. 7, 2007.

[48] HardingPJ, Li QZ, Moon B. , "XISS/R: XML Indexing and Storage System Using RDBMS", In: Freytag JC, Lockemann PC, Abiteboul S, Carey MJ, Selinger PG, Heuer A, eds. Proc. of the 29th Int'l Conf. on Very Large Data Bases (VLDB). Berlin: Morgan Kaufmann Publishers, 2003.

[49] H. Balinsky, A. Balinsky, and S. J. Simske, "Automatic text summarization and small – world networks", In: Proceedings of the 11th ACM symposium on Document engineering, 2011.

[50] Health Level 7. Clinical Document Architecture [EB/OL]. Available at: http://hl7book. net/index. php? title = CDA/.

[51] H. He, J. Yang, "Multi Resolution Indexing of Xml for Frequent Queries", In: ICDE, 2004.

[52] H. Jiang, H. Lu, W. Wang, "XR – Tree: Indexing XML Data for Efficient Structural Join", In: Proceedings of the 19th International Conference on Data Engineering (ICDE 2003), 2003.

[53] H. Wang, S. Park, W. Fan, "Vist: A Dynamic Index Method for Querying Xml Data by Tree Structures", In: SIGMOD Conference, 2003.

[54] Ian Williams, *Beginning XSLT and XPath Transforming XML Documents and Data*, Indianapolis, Indiana: Wiley Publishing, 2009.

[55] International Organization for Standardization. ISO/IEC TR 22250 – 1: 2002. Information technology – Document description and processing languages – Regular Language Deserition for XML (RELAX) – Part 1: RELAX Core, 2002 October [EB/OL]. Available at: http://

www. xml. gr. jp/relax/.

[56] I. Tatarinov, S. Viglas, K. Beyer, J. Shanmugasundaram, E. Shekita, C. Zhang, "Storing and Querying Ordered XML Using a Relational Database System", In: SIGMOD, 2002.

[57] Jan Hegewald, Felix Naumann, Melanie Weis, "XStruct: Efficient Schema Extraction from Multiple and Large XML Documents", In: Proceedings of 22nd International Conference on Data Engineering Workshops. Atlanta, GA, USA, 2006.

[58] J. Dean and S. Ghemawat, "Mapreduce: simplified data processing on large clusters", Commun. ACM, Vol. 51, No. 1, 2008.

[59] J. E. Hirsch, "An index to quantify an individual's scientific research output", Proceedings of the National academy of Sciences of the United States of America, Vol. 102, No. 46, 2005.

[60] J. Gantz and D. Reinsel, "Extracting value from chaos," IDC iView, 2011.

[61] J. Han, J. G. Lee, H. Gonzalez, and X. Li, *in KDD, 2008: Proceeding of the 14th ACM SIGKDD international conference on Knowledge discovery and data mining*, New York, NY, USA, 2008.

[62] J. H. R. L. Sallam, J. Richardson and B. Hostmann, "Magic quadrant for business intelligence platforms," Gartner Group, Tech. Rep. , 2011.

[63] J. Hu, L. Fang, Y. Cao, H. – J. Zeng, H. Li, Q. Yang, and Z. Chen, "Enhancing text clustering by leveraging wikipedia semantics", In: Proceedings of the 31st annual international ACM SIGIR conference on Research and development in information retrieval, ser. SIGIR, 08, 2008.

［64］ J. Leskovec，K. J. Lang，and M. Mahoney，"Empirical comparison of algorithms for network community detection"，In：Proceedings of the 19th International Conference on World Wide Web，2010.

［65］ J. Manyika，M. Chui，B. Brown，J. Bughin，R. Dobbs，C. Roxburgh，and A. H. Byers，"Big data：The next frontier for innovation，competition，and productivity"，McKinsey Global Institute，2011.

［66］ Jonathan Robie，Joe Lapp，David Schach. XML Query Language（XQL）［EB/OL］. Available at：http：//www. w3. org/TandS/QL/QL98/PP/xql. html.

［67］ Josie Wernecke，*The KML Handbook：Geographic Visualization for the Web*，Boston：Addison‐Wesley Professional，2008.

［68］ J. Shanmugasundaram，R. Krishnamurthy，I. Tatarinov，"A General Technique for Querying XML Documents Using a Relational Database System"，In：SIGMOD，2001.

［69］ J. Tang，J. Sun，C. Wang，and Z. Yang，"Social influence analysis in large‐scale networks"，In：Proceedings of the 15th ACM SIGKDD international conference on Knowledge discovery and data mining，2009.

［70］ Jun‐KiMin，Jae‐Yong Ahn，Chin‐Wan Chung，"Efficient Extraction of Schemas for XML Documents"，Information Processing Letters，Vol. 85，No. 1，2003.

［71］ K. Cukier，"Data，data everywhere"，The economist，Vol. 394，No. 8671，2010.

［72］ Kevin Howard Goldberg，*XML*，*Second Edition*，Peachpit Press，2009.

［73］ Li Q. , Moon B. , "Indexing and Querying XML Data for Regular Path Expressions", In：Proceedings of the 27ᵗʰ International Conference on Very Large Data Bases (VLDB), 2001, pp. 361 - 370.

［74］ L. Mignet, D. Barbosa, and P. Veltri, "The XML Web：A First Study", In：Proceedings of the Twelfth International World Wide Web Conference. Budapest, Hungary, 2003, pp. 500 - 510.

［75］ M. Allamanis, S. Scellato, and C. Mascolo, "Evolution of a locationbased online social network：analysis and models", In：Proceedings of the 2012 ACM conference on internet measurement conference, 2012.

［76］ Mannning C. D. , Raghavan P. , Schutze H. Introduction to Information Retrieval ［EB/OL］. Available at：http：//www - csl. istanford. edu/ ~ hinrich/information - retrieval - book. html.

［77］ Matteo Magnani, Danilo Montesib, "A Unified Approach to Structured And XML Data Modeling And Manipulation", Data & Knowledge Engineering, Vol. 59, No. 1, 2006.

［78］ McHugh J. , Abiteboul S. , Glodman R. , "Lorel：A Database Management System for Semistructured Data", In：ACM SIGMOD, 1997, pp. 54 - 66.

［79］ Megginson Technologies. Simple API for XML ［EB/OL］. Available at：http：//www. megginson. com/downloads/SAX/.

［80］ M. Garofalakis, A. Gionis, R. Rastogi, S. Seshadri, K. Shim, "XTRACT：A System for Extracting Document Type Descriptors from XML Documents ", In：Proceeding of ACM SIGMOD, 2000.

[81] M. Grobelnik. (2012) Big data tutorial. [Online]. Available: http: //videolectures. net/eswc2012 grobelnik big data/.

[82] M. Mishra, J. Huan, S. Bleik, and M. Song, "Biomedical text categorization with concept graph representations using a controlled vocabulary", In: Proceedings of the 11th International Workshop on Data Mining in Bioinformatics, 2012.

[83] Moh C. H., Lim E. P., Ng W. K., "DTD – miner: A Tool for Mining DTD from XML Documents", In: Proceedings of International Workshop on Advance Issues of E – commerce and Web – based Information Systems. San Jose, 2000.

[84] M. Rabbath, P. Sandhaus, and S. Boll, "Multimedia retrieval in social networks for photo book creation", In: Proceedings of the 1st ACM International Conference on Multimedia Retrieval, 2011.

[85] MSDN. EventHandler 委托 [EB/OL]. Available at: http: // msdn. microsoft. com/zh – cn/library/system. eventhandler (v = vs. 110) . aspx.

[86] MSDN. XmlReader Class [EB/OL]. Available at: http: // msdn. microsoft. com/en – us/library/system. xml. xmlreader (v = vs. 80) . aspx.

[87] M. S. Lew, N. Sebe, C. Djeraba, and R. Jain, "Content – based multimedia information retrieval: State of the art and challenges", ACM Transactions on Multimedia Computing, Communications, and Applications (TOMCCAP), Vol. 2, No. 1, 2006.

[88] M. T. Maybury. *New Directions in Question Answering*. Cambridge, MA: The MIT Press, 2004.

[89] Murray – Rust P. , Rzepa H. S. Chemical Markup Language [EB/OL]. Available at: http: //cml. sourceforge. net/.

［90］ N. Du, B. Wu, X. Pei, B. Wang, and L. Xu, "Community de-tection in large – scale social networks", In: Proceedings of the 9th WebKDD and 1st SNA – KDD 2007 workshop on web mining and social network analysis, 2007.

［91］ N. Noguchi, "The search for analysts to make sense of big data", National Public Radio, Nov. 2011. ［Online］. Available: ht-tp://www. npr. org/2011/11/30/142893065/the – searchforana-lysts – to – make – sense – of – big – data.

［92］ (2011, Nov.) Drowning in numbers – digital data will flood the planet – and help us understand it better. The economist. ［On-line］. Available: http://www. economist. com/blogs/dailychart/2011/11/bigdata – 0.

［93］ N. Z. Gong, W. Xu, L. Huang, P. Mittal, E. Stefanov, V. Sekar, and D. Song, "Evolution of social – attribute networks: measure-ments, modeling, and implications using google + ", In: Pro-ceedings of the 2012 ACM conference on internet measurement con-ference, 2012.

［94］ OASIS. The Doc Book Schema Working Draft ［EB/OL］. Available at: http://www. oasis – open. org/docbook/specs/.

［95］ O. Neil P. E. , O. Neil E. J. , Pal S. , et al. , "ORDPATHs: Insert – Friendly XML Node Labels", In: Proceedings of SIG-MOD, 2004, pp. 903 – 908.

［96］ Online Computer Library Center. Introduction to Dewey Decimal Classification ［EB/OL］. Available at: http://www. oclc. org/dewey/versions/ddc22print/intro. pdf, 2003.

［97］ O. R. Team, *Big Data Now: Current Perspectives from O'Reilly Radar*. O'Reilly Media, 2011.

［98］ Paolacci G. , Chandler J. , Ipeirotis P. , "Running experiments on amazon mechanical turk", Judgment and Decision Making, Vol. 5, No. 5, 2010.

［99］ P. B. D. Agrawal and E. Bertino, "Challenges and opportunities with big data – a community white paper developed by leading researchers across the united states", The Computing Research Association, CRA report, 2012.

［100］ P. Bohannon, J. Freire, P. Roy, J. Simeon, "From XML Schema to Relations: A Cost – Based Approach to XML Storage", In: ICDE, 2002.

［101］ PIR. Protein Information Resource ［EB/OL］. Available at: http://pir. georgetown. edu/.

［102］ P. Rao, B. Moon, "Prix: Indexing and Querying Xml Using Prüfer Sequences", In: ICDE, 2004.

［103］ Progress Software Corporation. Stylus Studio ［EB/OL］. Available at: http://www. stylusstudio. com/.

［104］ P. Zikopoulos, C. Eaton et al. , Understanding big data: Analytics for enterprise class hadoop and streaming data. McGraw – Hill Osborne Media, 2011.

［105］ Recordare LLC. MusicXML™ ［EB/OL］. Available at: http://www. musicxml. org/xml. html/.

［106］ Ren Z. , Xu X. , Wan J. , et al. Workload characterization on a production Hadoop cluster: A case study on Taobao ［C］// Workload Characterization (IISWC), 2012 IEEE International Symposium on. IEEE, 2012.

［107］ R. Kaushik, P. Bohannon, J. F. Naughton, "Covering Indexes for Branching Path Queries", In: Proceedings of the 2002 AC-

MSIGMOD International Conference on Management of Data (SIGMOD 2002, 2002.

[108] R. Kaushik, P. Shenoy, P. Bohannon, "Exploiting Local Similarity for Indexing Paths in Graph – structured Data", In: ICDE, 2002.

[109] S. Brin and L. Page, "The anatomy of a large – scale hypertextual web search engine", In: Proceedings of the seventh international conference on World Wide Web 7, 1998.

[110] S. Chakrabarti, "Data mining for hypertext: a tutorial survey", SIGKDD Explor. Newsl., Vol. 1, No. 2, 2000.

[111] S. Chakrabarti, M. van den Berg, and B. Dom, "Focused crawling: a new approach to topic – specific web resource discovery", Comput. Netw., Vol. 31, No. 11 – 16, 1999.

[112] Serge Abiteboul, "Querying Semi – structured Data", In: Foto Afrati, Phokion Kolaities ed. Lecture Notes in Computer Science 1186, Database Theory – ICDT'97. New York: Springer – Verlag, 1997.

[113] Sergey Melnik, Hector Garcia – Molina, Erhard Rahm, "Similarity Flooding: A Versatile Graph Matching Algorithm and its Application to Schema Matching", In: ICDE, 2002.

[114] S. Garg, T. Gupta, N. Carlsson, and A. Mahanti, "Evolution of an online social aggregation network: an empirical study", In: Proceedings of the 9th ACM SIGCOMM conference on internet measurement conference, 2009.

[115] S. Ghemawat, H. Gobioff, and S. – T. Leung, "The google file system", In: Proceedings of the nineteenth ACM symposium on operating systems principles, 2003.

[116] Shute J., Oancea M., Ellner S., et al. F1: the fault – tolerant distributed RDBMS supporting google's ad business [C] //Proceedings of the 2012 ACM SIGMOD International Conference on Management of Data. ACM, 2012.

[117] S. Lohr, "The age of big data", New York Times, Vol. 11, 2012.

[118] S. Maniu and B. Cautis, "Taagle: efficient, personalized search in collaborative tagging networks", In: Proceedings of the 2012 ACM SIGMOD International Conference on Management of Data, 2012.

[119] S. Pal, V. Talwar, and P. Mitra, "Web mining in soft computing framework: relevance, state of the art and future directions", Neural Networks, IEEE Transactions on, Vol. 13, No. 5, 2002.

[120] (2011) Special online collection: Dealing with big data. Scince. [Online]. Available: http://www.sciencemag.org/site/special/data/.

[121] S. Scellato, A. Noulas, and C. Mascolo, "Exploiting place features in link prediction on location – based social networks", In: Proceedings of the 17th ACM SIGKDD international conference on knowledge discovery and data mining, 2011.

[122] S. Shridhar, M. Lakhanpuria, A. Charak, A. Gupta, and S. Shridhar, "Snair: a framework for personalised recommendations based on social network analysis", In: Proceedings of the 5th International Workshop on Location – Based Social Networks, 2012.

[123] T. Economist, "Beyond the pc", Special Report on Personal Technology, Tech. Rep. , 2011.

[124] The DBLP Computer Science Bibliography. DBLP [EB/OL]. Available at: http://www. informatik. uni – trier. de/ ~ ley/db/.

[125] Theobald A. , Weikum G. , "The Index – based XXL Search Engine for Querying XML Data with Relevance Ranking", In: Proceedings of the 8th International Conference on Extending Database Technology, 2002, pp. 311 – 340.

[126] Thompson H. XML schema part 1: Structures [S]. W3C Recommendation, 2001.

[127] Thusoo A. , Shao Z. , Anthony S. , et al. Data warehousing and analytics infrastructure at facebook [C] //Proceedings of the 2010 ACM SIGMOD International Conference on Management of Data. ACM, 2010.

[128] T. Lappas, K. Liu, and E. Terzi, "Finding a team of experts in social networks", In: Proceedings of the 15th ACM SIGKDD international conference on knowledge discovery and data mining, 2009.

[129] T. Milo, D. Suciu, "Index Structures for Path Expressions", In: Proceedings of the 7th International Conference on Database Theory (ICDT 1999) . 1999.

[130] TPC. Transaction Processing Performance Council. [EB/OL]. Available at: http://www. tpc. org/tpch/.

[131] Treebank. The Penn Treebank Project [EB/OL]. Available at: http://www. cis. upenn. edu/ ~ treebank/.

[132] Trotman A. , Sigurbj Êrnsson B. , "Narrowed Extended XPath I (NEXI)", In: Proceedings of the 3rd Initiative on the Evalua-

tion of XML Retrieval Workshop. Berlin: Springer, 2005, pp. 16 – 40.

[133] T. Zhang, A. Popescul, and B. Dom, "Linear prediction models with graph regularization for web – page categorization", In: Proceedings of the 12th ACM SIGKDD international conference on knowledge discovery and data mining, 2006.

[134] Wang C., Yuan X., Wang X., "An Efficient Numbering Scheme for Dynamic XML Trees", In: Proceedings of the 2008 IEEE International Conference on Computer Science and Software Engineering (CSSE), 2008, pp. 704 – 707.

[135] Wang W., Jiang H. F., Lu H. J., "PBiTree Coding and Efficient Processing of Containment Joins", In: Proceedings of the 19th International Conference on Data Engineering, 2003 (4).

[136] W3C. XQuery and XPath Full Text 1.0 [EB/OL]. Available at: http://www.w3.org/TR/xpath – full – text – 10/.

[137] W. Dai, Y. Chen, G. – R. Xue, Q. Yang, and Y. Yu, "Translated learning: Transfer learning across different feature spaces", Proceedings of the Advances in Neural Information Processing Systems (NIPS), 2008.

[138] (2012) What Analytics, Data mining, Big Data software you used in the past 12 months for a real project? [Online]. Available: http://www.kdnuggets.com/polls/2012/analytics – data – mining – big – data – software.html.

[139] Windows Sysinternals. Process Explorer [EB/OL]. http://technet.microsoft.com/zh – cn/sysinternals/bb896653.aspx.

[140] Wirth N., "Type Extentions", ACM Transaction on Programming Languages and Systems, Vol. 10, No. 2, 1988.

[141] World Wide Web Consortium. Document Object Model（DOM）Technical Reports［EB/OL］. Available at：http：//www. w3. org/DOM/DOMTR.

[142] World Wide Web Consortium. Document TypeDefinition［EB/OL］. Available at：http：//www. w3. org/TR/html4/sgml/dtd. html/.

[143] World Wide Web Consortium. Extensible Markup Language（XML）［EB/OL］. Available at：http：//www. w3. org/XML/.

[144] World Wide Web Consortium. Scalable Vector Graphics（SVG）［EB/OL］. Available at：http：//www. w3. org/Graphics/SVG/.

[145] World Wide Web Consortium. W3C Math Home［EB/OL］. Available at：http：//www. w3. org/Math/.

[146] World Wide Web Consortium. XHTML2 Working Group Home Page［EB/OL］. Available at：http：//www. w3. org/MarkUp/.

[147] World Wide Web Consortium. XML Path Language（XPath）2. 0（Second Edition）［EB/OL］. Available at：http：//www. w3. org/TR/xpath20/.

[148] World Wide Web Consortium. XML - QL：A Query Language for XML［EB/OL］. Available at：http：//www. w3. org/TR/1998/NOTE - xml - ql - 19980819/.

[149] World Wide Web Consortium. XMLSchema［EB/OL］. Available at：http：//www. w3. org/TR/html4/sgml/dtd. html/.

[150] World Wide Web Consortium. XQuery 1. 0 and XPath 2. 0 Data Model（Second Edition）［EB/OL］. Available at：http：//www. w3. org/TR/xpath - datamodel/.

[151] World Wide Web Consortium. XQuery 1. 0：An XML Query Language（Second Edition）［EB/OL］. Available at：http：//www. w3. org/TR/xquery/.

[152] Wu X. , Lee M. - L. , Hsu W. , "A Prime Number Labeling Scheme for Dynamic Ordered XML Trees", In: Proeeedings of the 20th International Conference on Data Engineering (ICDE), Washington: IEEE computer society, 2004.

[153] XStruct: Efficient Schema Extraction from Multiple and Large XML Documents [EB/OL]. Available at: http: // www2. informatik. hu - berlin. de/mac/xstruct/.

[154] Xu Y. , Papakonstantinou Y. , "Efficient Keyword Search for Smallest LCAs in XML Databases", In: Proceedings of the 24th ACM International Conference on Management of Data, Baltimore, Maryland. New York, NY, USA: ACM, 2005, pp. 527 - 538.

[155] Yannis Stavrakas, Manolis Gergatsoulis, Christos Doulkeridis, "Representing and Querying Histories of Semistructured Databases Using Multidimensional OEM" Information Systems, Vol. 29, No. 6, 2004.

[156] Yin Zhang, Hua Zhou, Junhui Liu, Yun Liao, Peng Duan, Zhenli He, "D2 - Index: A Dynamic Index Method for Querying XML and Semi - structured Data", In: Proceedings of 2012 IEEE 19th International Conference on Industrial Engineering and Engineering Management, pp. 749 - 753, 2012.

[157] Yin Zhang, Hua Zhou, Qing Duan, Yun Liao, Junhui Liu, Zhenli He, "Efficient Schema Extraction from Large XML Documents", In: 2012 5th International Conference on BioMedical Engineering and Informatics (BMEI 2012) . Chongqing, 2012, pp. 1257 - 1262.

[158] Y. - J. Park and K. - N. Chang, "Individual and group beha-

vior – based customer profile model for personalized product recommendation", Expert Systems with Applications, Vol. 36, No. 2, 2009.

[159] Y. Li, W. Chen, Y. Wang, and Z. – L. Zhang, "Influence diffusion dynamics and influence maximization in social networks with friend and foe relationships", In: Proceedings of the sixth ACM international conference on web search and data mining, 2013.

[160] Y. Li, X. Hu, H. Lin, and Z. Yang, "A framework for semisupervised feature generation and its applications in biomedical literature mining", IEEE/ACM Trans. Comput. Biol. Bioinformatics, Vol. 8, No. 2, 2011.

[161] Y. Noguchi, "Following digital breadcrumbs to big data gold", National Public Radio, Nov. 2011. [Online]. Available: http://www.npr.org/2011/11/29/142521910/thedigitalbreadcrumbs – that – lead – to – big – data.

[162] Y. Rhee and J. Lee, "On modeling a model of mobile community: designing user interfaces to support group interaction", interactions, Vol. 16, No. 6, 2009.

[163] Y. Zhou, H. Cheng, and J. X. Yu, "Graph clustering based on structural/attribute similarities", Proceedings of the VLDB Endowment, Vol. 2, No. 1, 2009.

[164] Zhang C., Naughton J., De Witt D., "On Supporting Containment Queries In Relational Database Management Systems", In: Proceedings of the 2001 ACM SIGMOD International Conference on Management of Data. New York: ACM Press, 2001, pp. 425 – 436.

［165］ Z. Ma, Y. Yang, Y. Cai, N. Sebe, and A. G. Hauptmann, "Knowledge adaptation for ad hoc multimedia event detection with few exemplars", In: Proceedings of the 20th ACM international conference on multimedia, 2012.